国家自然科学基金（项目批准号：51362013）、江西省自然科学基金（项目编号：20142BAB206006）联合资助成果

陶瓷工业节能减排
与污染综合治理

罗民华　编著

U0291852

中国建材工业出版社

图书在版编目（CIP）数据

陶瓷工业节能减排与污染综合治理/罗民华编著．
--北京：中国建材工业出版社，2017.9
（陶瓷工业节能减排技术丛书）
ISBN 978-7-5160-1990-0

Ⅰ.①陶…　Ⅱ.①罗…　Ⅲ.①陶瓷工业—节能减排 ②
陶瓷工业—污染防治　Ⅳ.①TQ174②X781.5

中国版本图书馆 CIP 数据核字（2017）第 205395 号

内 容 简 介

本书较全面地分析陶瓷行业能耗和污染现状，从陶瓷生产的原料处理、成型、干燥及烧成等主要工艺环节着手，系统、全面地分析了各工艺环节的能源及资源消耗、污染的产生，并在此基础上提出节能减排的治理技术和方案。

本书可供陶瓷行业的科学研究人员、材料专业的本科生、环境专业的本科生及研究生参考借鉴，还可作为陶瓷企业相关人员的参考书。

陶瓷工业节能减排与污染综合治理
罗民华　编著

出版发行：中国建材工业出版社
地　　址：北京市海淀区三里河路 1 号
邮　　编：100044
经　　销：全国各地新华书店
印　　刷：北京雁林吉兆印刷有限公司
开　　本：787mm×1092mm　1/16
印　　张：5.5
字　　数：130 千字
版　　次：2017 年 9 月第 1 版
印　　次：2017 年 9 月第 1 次
定　　价：36.00 元

本社网址：www.jccbs.com　微信公众号：zgjcgycbs
本书如出现印装质量问题，由我社市场营销部负责调换。联系电话：（010）88386906

前 言

中国是因陶瓷而闻名世界的国家，灿烂的陶瓷文化在中国的国土上绵延数千年。改革开放三十年来，陶瓷行业发生了巨大的变化，取得了令人瞩目的进步，特别是建筑卫生陶瓷行业，其工业总产值到 2016 年底已将近5400 亿元，成为中国工业经济中不可或缺的组成部分。2015 年根据对全国2752 家规模以上建筑陶瓷和卫生洁具企业统计，全国建筑卫生陶瓷行业主要产品产量如下：陶瓷砖产量 101.8 亿平方米，卫生陶瓷产量超过 2.18 亿件，各类建筑陶瓷与卫生洁具产品出口金额超过 211 亿美元，增长 9.25%。我国陶瓷出口至世界近 200 个国家和地区，年产量与出口额均居世界首位。目前产量占全球总产量超过 70%，总产值超过 2100 亿元，充分说明了中国陶瓷行业在国际上的规模宏大。"十二五"期间，我国建筑陶瓷、卫生洁具行业在调整、转型和升级中不断发展。五年间陶瓷砖产能增长 31.9%，销售额增长 73%，出口量增长 26.8%，出口额增长 97.4%。卫生陶瓷产能增长 26.4%，销售额增长 73.3%，出口量增长 46%，出口额增长 390%。我国出口的陶瓷砖占国际市场贸易量的 40.33%，占贸易额的 38.9%。中国卫生陶瓷产量约占全球总量的 55%，占国际贸易量的一半以上。

然而在这"喜人"的发展背后，仍然掩盖不了陶瓷行业存在着的资源占用多、能耗高、污染重等问题。

广东、山东、福建的传统陶瓷基地优质资源面临枯竭和短缺；由于多数厂家习惯于满足现状和产值，对生产工艺技术持续创新不够，加之窑炉保温效果差，致使工人操作环境恶劣、优质资源用量减少和生产能耗降低困难。陶瓷企业生产精美瓷器的同时，产生和排放了大量废气、废水、粉尘、废渣、二氧化碳等，给周边环境带来严重污染，大量出现农作物减产、树木凋死等情况，并使当地大气中的 PM2.5 严重超标，给区域生态和人民健康带来严重威胁。

由此看来，陶瓷行业三十年来的发展主要是粗放型发展，依赖的主要是廉价的劳动力、自然资源的相对优势、较低的环境保护要求、庞大的但是参差不齐的市场需求，其创新能力也主要集中于引进消化再创新，卫生陶瓷和卫浴制品仍然处于半自动化、半手工化的技术水平。在目前劳动力日益缺乏、自然资源紧缺、环境保护要求提高等国际大环境的压力之下，产业发展的瓶颈越来越突出，产业调整成了当务之急，对于陶瓷行业的资源占用多、能耗高、污染重等问题，已到了非解决不可的地步。

"绿色发展"是陶瓷行业的唯一出路，大力推进节能减排是保障陶瓷行业可持续发展的重要任务。2015年，全国各地各级政府加大了节能减排和环境治理工作的执法监督力度，并且逐年加强。最近一段时期，国家环保部门对环境治理没有达标的地方政府负责领导的约谈尤显力度。目前福建泉州地区建筑陶瓷企业大都基本完成清洁能源的改造工程；沈阳法库陶瓷产区、江西高安陶瓷产区、山东临沂陶瓷产区、广东恩平陶瓷产区等都全面启动了陶瓷企业的环保治理工作；山东淄博地区将根据"淘汰一批、改造一批、提升一批"的政策规划，关停一批陶瓷企业，并计划进一步淘汰落后建陶产能；四川夹江县政府根据当前节能减排的形势对发展当地建陶产业的政策与思路着手进行重新梳理和规划。在中国经济进入"新常态"的新的历史时期，面对行业结构调整转型升级的严峻挑战，过剩产能与市场需求萎缩的矛盾现实，尤其是面对环保的高压，多数主流企业已经意识到粗放发展的时代已经过去，必须调整改变，加强节能环保投入，"只有活着，才能看到春天和未来"。

本书较全面地分析陶瓷行业能耗和污染现状，从陶瓷生产的原料处理、成型、干燥及烧成等主要工艺环节着手，首先系统、全面地分析各工艺环节的能源及资源消耗、污染的产生，并在此基础上提出节能减排的治理技术和方案，可供节能减排企业及陶瓷行业人员参考。

感谢石狮市创鑫节能科技有限公司、佛山华清智业环保科技有限公司（佛山市华清环保工程技术有限公司）提供了宝贵的资料；感谢书中所引用参考文献的作者；特别感谢华南理工大学曾令可教授，他为陶瓷行业节能减排工作做出了特殊的贡献，本书也引用了他的大量参考文献。同为陶瓷行业的工作者，陶瓷行业的节能减排任重道远，大家一起努力，共同推动陶瓷行业健康发展。由于时间仓促及作者水平有限，书中错误还望读者批评指正。

作　者

2017年8月

目 录

陶瓷工业节能减排与污染综合治理

陶瓷工业节能减排与污染综合治理

中国建材工业出版社
China Building Materials Press

我们提供

图书出版、广告宣传、企业/个人定向出版、图文设计、编辑印刷、创意写作、会议培训，其他文化宣传服务。

发展出版传媒　　服务经济建设

传播科技进步　　满足社会需求

编 辑 部	出版咨询	市场销售	门市销售
010-88385207	010-68343948	010-68001605	010-88386906

邮箱：jccbs-zbs@163.com　　网址：www.jccbs.com

第1章 我国陶瓷工业的能耗及污染现状

1.1 我国陶瓷工业的能耗现状

1.1.1 能源消耗状况

从 20 世纪 80 年代起，中国的陶瓷工业已高速发展了 30 多年，"十二五"期间，城镇化和新农村建设为建筑卫生陶瓷提供了稳步增长空间。居民住宅、公共建筑以及基础设施建设，特别是新农村及中西部地区城乡建设快速发展，对建筑陶瓷产品需求拉动较大。目前我国的陶瓷产量在世界上遥遥领先，但总体上存在产品档次低、能耗高、资源消耗大、综合利用率低和生产效率低等问题。目前我国陶瓷工业的能源利用率与国外相比差距较大，发达国家的能源利用率一般高达 50％以上，美国达 57％，而我国仅达到 28％～30％。国内能耗水平与国际先进水平相比，其主要能耗指标见表 1-1。国家对陶瓷行业发展提出了以下要求：到"十二五"末时，全国陶瓷砖产量指标为 90 亿平方米（国内需求），总量不超过 105 亿平方米；卫生陶瓷约 2 亿件（国内需求），总量约 2.5 亿件。此外，工业增加值年均增长 10％以上，工业增长能耗降低 20％，出口产品单价提高 20％以上。

表 1-1 我国建筑、卫生陶瓷能耗与国际先进水平的差距

项目		先进国家	中国
烧成热耗	建筑陶瓷（kJ/kg）	1255～4186	2930～6279（大中型企业）
	卫生陶瓷（kJ/kg）	3350～8370	5023～1258（大中型企业）
综合热耗	建筑陶瓷［kg（标煤）/m²］	0.77～6.42	2.5～15（大中型企业 4.15）
	卫生陶瓷［kg（标煤）/m²］	238～476	400～1800（大中型企业 1022）
电耗	建筑陶瓷（kW·h/m²）	2.3～5.12	2.5～5.12（大中型企业 4.86）
	卫生陶瓷（kW·h/t）	249～553	230～600（大中型企业 301）

从表 1-1 中可以看出，我国的陶瓷能耗指标与国外仍然有很大差距，这反映了我国陶瓷工业节能的巨大潜力；同时我国经济社会发展对建筑卫生陶瓷工业提出了新的要求，节能减排已关系到建筑卫生陶瓷行业的生存与发展。

1.1.2　能源品种与结构

1.1.2.1　我国陶瓷工业的能源现状

我国陶瓷工业所使用的燃料有多种来源，包括煤（以及煤制气）、电力、天然气、柴油、洗精煤和液化石油气等。

传统的燃料是煤，但是由于煤烟气污染环境，佛山、温州、晋江、夹江等许多瓷区已经禁止使用直接燃煤的窑炉。除了河南省还有少量卫生陶瓷用煤烧隔焰隧道窑，偏远省份有少量陶瓷砖煤烧隔焰辊道窑外，直接燃煤的窑炉在建筑卫生陶瓷工业已基本被淘汰。现在主要是利用焦炉、一段炉、两段炉等设备把煤制成焦炉煤气、发生炉煤气或者水煤气来供陶瓷窑炉使用，目前山东、河北等地陶瓷产区主要使用此类人工煤气。将煤加工成水煤浆用于陶瓷砖喷雾干燥制粉已在佛山、山东等瓷区推广使用。由于水煤浆和人工煤气价格相对低廉，是生产低档产品的陶瓷企业现实的能源选择。

轻柴油是建筑卫生陶瓷工业较理想的能源，广东、福建的陶瓷企业曾广泛使用。近年油价不断上升，迫使许多厂停产或者转烧煤气，也有部分厂为了降低成本采用轻重型油混合的燃料油。重油及残渣油在建陶工业也有使用，主要用于喷雾干燥热风炉，少量用于隔焰、半隔焰的隧道窑及辊道窑。

天然气是建筑卫生陶瓷工业理想的能源，以前在四川等有天然气供应条件的瓷区使用。油价上升后出现了佛山瓷区向四川夹江等地转移，使用当地相对便宜的天然气。随着国家"西气东输"工程的实施，河北、山东、福建、上海、江西等许多瓷区都能用上天然气了，政府也鼓励使用，但是目前天然气供应量不足，尤其在冬季，有的地方不能保证供应，影响企业生产。出于保证企业连续性和降低成本等方面考虑，一些厂又配备了煤气设施。只有一些生产中高档产品的陶瓷企业坚持使用天然气。按单位热量值计算，天然气还是比油便宜，气用户在不断扩大中。

液化石油气是陶瓷厂较易得到的燃料，卫生瓷产能占全国 40% 以上的潮州瓷区的卫生陶瓷生产几乎全部使用液化石油气。

原煤主要用于制造人工煤气，少量用于窑炉、锅炉及制水煤浆。洗煤机可用于制水煤浆或者煤气。

陶瓷厂用的电均由电网供应，突然停电会给生产带来重大损失，因此要求双回路供应供电。但目前电力供应紧张，经常区域性停电，许多企业因正常供电无法保证，只得自备柴油发电机作为应急电源，在电网突然停电时，保证窑炉等一类负荷继续运转，以保护窑炉和减少废品损失。近两年来我国电力紧张，特别是夏季用电高峰期，佛山等许多瓷区拉闸门限电——"开三停四"，实际上瓷区根本无法正常生产，损失巨大。

1.1.2.2　陶瓷工业燃料结构合理性

陶瓷工业生产推广使用天然气、液化石油气、轻柴油等清洁燃料，既符合世界陶瓷工业发展潮流，也符合国家产业政策。建筑陶瓷业直接烧煤，热耗大，产品质量差，环境污染大。我国陶瓷工业早在 20 世纪 80 年代就开始逐步淘汰直接烧煤工艺，到了 90

年代中期基本完成燃烧窑炉的改造,煤的用量很少。但由于油价的上升,柴油、液化气成本高,大部分烧油陶瓷企业为降低生产成本,转而用煤制人工煤气或水煤燃料。

当前用水煤浆作喷雾干燥塔热风炉的燃料,所排的烟尘虽然经喷雾干燥回收,但对环境污染有一定影响。由于煤粉燃烧不完全而进入坯体影响色泽,容易造成上釉产品的釉面缺陷,不能作为生产超白白砖的燃料。用煤制煤气,符合国家标准的能源政策,但当前一个厂一台(或者几台)简陋的煤气发生炉,脱硫等煤气净化设备不完善,含酚的有毒废水无法有效处理,直接排放严重污染环境。管理不善时,安全隐患多,很不合理。瓷区应该建立规模较大、净化装置齐全的区域集中供给的煤气厂,来供应瓷区的企业。

1.1.2.3 陶瓷工业能源利用的发展趋势

我国陶瓷工业的发展方向是提升产品档次,提高产品售价,并使用清洁燃料。天然气洁净、使用方便,在有稳定气源供应并已铺设管道的瓷区使用天然气,工厂投资小,将是陶瓷企业增长最快的燃料品种;液化气、轻柴油也属于向中高档产品发展的过程中,建设区域煤气站用焦炉或两段炉制气,也是一种比较现实的选择,可以作为瓷区的一种过渡。随着产品质量和档次的提高,最终会被天然气等清洁燃料取代,环保的严格要求将会淘汰一些煤气发生炉等落后的制气设备。

1.1.3 主要的耗能设备与工序

陶瓷工业所消耗的能源大部分用于烧成和干燥工序,两者能耗占 80% 以上。据报道,陶瓷工业的能耗中约有 61% 用于烧成工序,干燥工序能耗约占 20%。众所周知,建筑陶瓷是一个能耗较大的工业行业。目前,全国有建筑陶瓷连续烧成窑炉 4000 余条(座),与其配套的喷雾干燥塔略少于窑炉的数量。据统计,建筑陶瓷厂喷雾干燥的能耗一般为窑炉的 1/2~2/3。我国陶瓷行业的能源利用率与国外相比差距较大,行业平均能耗水平比国际先进水平普遍要高 2~3 倍。而世界首位的产量更是导致惊人的能源消耗总量——仅建筑陶瓷工业的总消耗即达到 5000 万吨标准煤/年。因此,如何降低陶瓷工业的能耗,特别是烧成、原料制备、干燥等工序的能耗,提高能源利用率,是摆在建筑陶瓷行业面前的迫切任务。

1.1.3.1 烧成工序

烧成工序的能耗设备是窑炉,窑炉是陶瓷企业最关键的热工设备,也是耗能最大的设备,因此选择好设计先进的节能型窑炉至关重要。现在,在我国陶瓷工业中,使用最多的窑炉有梭式窑、隧道窑、辊道窑三大类,其中辊道窑具有产量大、质量好、能耗低、自动化程度高、操作方便、劳动强度低、占地面积少等优点,是当今陶瓷窑炉的发展方向。

广东是我国陶瓷生产大省,按照广东产区陶瓷生产厂的典型数据,生产外墙砖企业的产品单位烧成热耗在 2200~6000kJ/kg;生产仿古砖企业的产品单位烧成热耗在 2000~3000kJ/kg;生产抛光砖的产品单位烧成热耗在 2200~3300kJ/kg。

这个能耗在国内陶瓷工业中属于较低能耗,但是与国外先进水平相比仍有差距。较高的单位烧成热耗值主要是由以下原因造成的：

（1）各个企业产品品种不同，对产品质量要求不同，有的产品需要二次烧成；

（2）窑炉结构与工艺制度不合理；

（3）窑炉排烟损失大；

（4）产品出窑温度高排烟温度偏高，不利于充分利用热能；

（5）窑体散热损失较大，余热利用不充分；

（6）部分窑炉使用垫板，垫板吸收热能，徒增能耗。

此外，除了窑炉自身类型、结构、材料等原因造成的高能耗外，烧成温度对窑炉的能耗也有重要的影响。

烧成温度与能耗关系极大。当烧成温度从 1400℃ 降至 1200℃ 时，能耗可降低 50%～60%。但是在成瓷温度上，国内业界长期片面追求较高成瓷温度。这其中有一个认识误区，即认为成瓷温度越高，烧出的瓷器机械强度就越高，外观就越漂亮，售价也越高。所以一些把产品档次定位在高档瓷的企业就盲目地仿制德国式硬质瓷，致使其产品的烧成温度高达 1400～1450℃，造成极高的能源浪费。过高的烧成温度不但大幅度增加能耗，对筑窑材料与窑具也提出了更高的要求，因此也造成了大量资源的能耗与浪费。

实际上，高性能的高铝强化瓷并不一定需要高温烧成。其他类型的陶瓷产品也有降低烧成温度的必要和可能。事实上，前些年国内已经有科研技工作者研制中低温瓷。甚至，国外还有 1000℃ 烧成的硬质瓷胎的报道。

由此看来，研究开发和推广降低陶瓷产品烧成温度的技术，也是陶瓷工业节能降耗的一条重要途径，值得给予足够的重视。

1.1.3.2 原料制备工序

原料制备工序也是陶瓷生产中的重要能耗环境，其主要的能耗设备是喷雾干燥塔。喷雾干燥塔是陶瓷生产企业的主要工艺设备之一，它采用泥浆雾化干燥法制备压力成型用的坯粉料，直接关系到陶瓷砖产品质量。该环节的能源占生产线总能耗的比例很大。电费在陶瓷生产成本中所占的比例很高，因此降低风机的能耗消耗成为提高企业经济效益的重要一环。

以广东产区的陶瓷企业为例，喷雾干燥塔的产品干粉单位热耗在 2000～4000kJ/kg，能耗较高，但这已属于国内先进水平。

较高的能耗值主要是由以下几个原因造成的：

（1）制浆工艺未严格控制，对外加剂的选择和质量控制不严格，造成进入喷雾塔的泥浆水分偏高；

（2）喷雾塔结构不合理，如塔身较短、内径较小、喷枪与塔体不匹配，造成大量物料互相粘连和粘壁，降低了塔的产量，增加了热耗；

（3）喷雾塔所使用的各种材料特别是保温隔热材料低劣，使用时间稍长，即发生变形和收缩，造成塔体散热损失比较大；

（4）操作工艺不合理，对进塔风温、塔内压力、喷浆压力和喷片孔大小之间的相互影响关系不了解，工艺参数选择不够优化，造成干粉单位热耗偏高。

据统计，喷雾干燥制粉时，降低泥浆的含水量，提高热风的温度，加大进塔泥浆量，降低废气温度，产量可提高近 1 倍，能耗可下降 30%。

除了以上几个因素，喷雾塔的能耗也与其装机容量有关。表 1-2 是陶瓷工业常用喷雾干燥塔技术数据。由表可见，喷雾干燥塔的装机容量越小，其单位产量能耗就越高。此外，使用变频器，改变风机的供电电源频率进行无级调速来调节风量，也可以使喷雾塔的能耗降低。

表 1-2　陶瓷工业常用喷雾干燥塔技术数据

技术参数＼型号	TCP 4000	TCP 3200	TCP 2500
水蒸发量（kg/h）	4000	3200	2500
干粉产量（kg/h）	≥14670	≥7825	≥6120
工作喷嘴（只）	23～24	18～21	14～16
塔内负压（Pa）	−200～−300	−200～−300	−200～−300
装机容量（kW）	155	132	86.7
主引风机功率（kW）	110	90	75

1.1.3.3　其他造成高耗能的工序与设备

除了在烧成、原料制备过程中造成的高耗能，干燥工序也是高耗能的原因的之一。干燥能耗值高与早期生产过程中没有注意余热利用有较大的关系，近年来随着陶瓷生产企业节能意识的提高，大多数规模的陶瓷企业已经利用窑炉的余热对陶瓷产品进行干燥，因此干燥环节的能耗较原先已有大幅下降。干燥的热耗为 $(100～200) \times 4.18kJ/kg$（坯），可以全部利用辊道窑的余热（冷却带或排放烟废气）来解决干燥的热源。

另外，从设备上看，早期对墙地砖的干燥普遍使用单程卧式辊道干燥器，干燥效率低，热能浪费大。通过增加卧式辊道干燥器的层数，可缩短干燥器的长度，充分利用干燥的热能，目前最高可达 7 层。对于使用干燥室进行干燥的卫生陶瓷工业，干燥周期较长也导致干燥能耗居高不下。随着快速干燥器的普及，目前干燥设备的能耗明显下降。

从干燥技术上来看，传统上使用燃料燃烧产生热能进行的干燥技术能源浪费较大，主要是因为热能不但传递到坯体上，还会散失在干燥设备上。目前较为先进的干燥技术是微波加热技术，即利用微波对坯体直接进行加热。由于微波仅对物料本身加热，对设备和环境不加热，运行成本比传统干燥低。微波能源利用率高，在相同的功率下，传统干燥时间是微波干燥的 30～32 倍，能耗为 2.5 倍，而生产能力则为一半。但由于目前窑炉产生余热较多，可供干燥工序再利用，而产生微波需要耗费额外的电能，因此微波技术的推广尚需时日。

除此之外，能耗较大的设备还有粉碎机、球磨机、坯体压制机械等。但这些设备的能耗在陶瓷工业总能耗中相对所占比例较低，而且这些设备的单位产量能耗主要是与机器本身的装机容量呈反相关，相对来说较为容易提升其单位能耗，具体细节将在后面章节中进行介绍。

1.2 我国陶瓷工业的污染现状

1.2.1 陶瓷生产过程中主要的污染物

1.2.1.1 废气

陶瓷生产厂家生产工艺过程大致是：坯用原料配料、球磨、制浆、泥浆过筛除铁、喷雾制粉（干压法）、压滤（可塑法）、练泥（可塑法）、粉料（干压法）、陈腐、成型、装饰（施釉）、干燥、烧成、深加工等，废气污染工序是喷雾塔制粉过程和辊道窑烧成过程，喷雾干燥制粉过程产生的主要大气污染物为燃料燃烧产物 SO_2、氮氧化物、氟离子、氯离子、颗粒物等；而辊道窑烧成过程产生的主要大气污染物为燃料燃烧产物 SO_2、氮氧化物、重金属粉尘等。这些物质如果不经过处理和控制直接排放，则会对大气环境造成污染和危害。

SO_2：硫的来源有两方面，一是燃料，如煤、煤气、重油等，二是坯料中的黄铁矿（FeS_2）、硫酸盐等含硫原料，燃料及原料中的硫在陶瓷高温烧成过程中氧化生成了 SO_2。如果燃料为不含硫的天然气，则烟气排放中只有坯料中黄铁矿、硫酸盐等烧成过程产生的 SO_2。如果只是烧成窑炉用天然气做燃料，而喷雾制粉用水煤浆、煤气、重油或煤，则烧成窑炉烟气排放中仍含有由粉料夹带的硫化氢经过烧成过程而析出的 SO_2，因此单纯的窑炉用天然气而喷雾塔不用天然气，烟气中的 SO_2 仍将不能达标排放。

SO_2 危害非常大，主要表现为：SO_2 本身是一种刺激性气味的气体，当 SO_2 的浓度不太大时，可刺激眼睛和呼吸道黏膜；当浓度大时，则对呼吸道有强烈的刺激和腐蚀作用，通过呼吸进入人的气管，对局部组织产生刺激和腐蚀作用，可引发气管炎、支气管炎等疾病。更为严重的是，SO_2 在我国大量区域引发了酸雨的产生，酸雨不仅直接危害动、植物及人类的健康，而且还会对整个社会经济造成重大损失，如酸雨会增加土壤酸度，从而造成农作物大面积减产；此外，酸雨会对建筑物、桥梁造成腐蚀，从而降低其使用寿命。据测算，我国建筑陶瓷企业每年随喷雾干燥塔尾气排放到大气中的 SO_2 量竟高达 5.756×10^7 t，其危害十分巨大。

NO_x：NO_x 的来源也有两方面，一是燃料，如煤、煤气本身含有氮；二是燃烧过程中空气中的氮和氧在高温下生成的 NO_x。NO_x 的生成速度与燃烧过程中的最高温度及氮、氧浓度有关，温度越高，NO_x 浓度越大。目前的处理方法大多采用的是非催化还原法及催化还原法，原理是在可供 NO_x 还原的温度区域加入还原剂使其还原为氮和水。正在研究探索的低温催化还原法是在低于 200℃ 的温度下采用催化剂把 NO_x 还原为氮和水。

氟离子、氯离子：F、Cl 的来源，一是坯料中的含氟、氯矿物在高温下分解为气态的氟离子、氯离子；二是釉料中添加的部分化工原料在高温下分解以气体的形态排放。目前的处理方法也多为湿法脱硫一并去除，原理是烟气中氟离子、氯离子与吸收剂反应生成氟化物和氯化物而被除去。

粉尘（颗粒物）：在陶瓷生产工艺中，喷雾干燥排放的废气及烧成窑炉排放的烟气都含有大量的粉尘。喷雾干燥废气中粉尘来源主要是干燥的细粉被携带，以及燃料不完全燃烧产生的炭黑。烧成窑炉烟气中粉尘的来源有燃料（如煤、煤气等）本身携带的粉尘及不完全燃烧产生的炭黑；坯料表面以及窑炉内表面被冲刷携带；烟气处理过程如脱硫过程中产生的二次微尘。目前的处理方法采用的是过滤、电除尘或水洗涤的方法除去。过滤的方法通常采用布袋过滤，水洗涤的方法采用水雾对烟尘的喷淋而沉降。

除了废气（烟气）中的粉尘外，在原料堆放、称配料、原料运输加工、泥坯料的制备、釉料制备、压制成形、修坯、施釉和磨砖等工序也会产生粉尘。这些分散工序产生的粉尘如果没有处理好，往往会导致设备及作业点的粉尘浓度很高，会超出了国家标准GBZ—2002《工业企业设计及作业卫生标准》规定的车间空气中一般粉尘最高允许浓度$8mg/m^3$和含有10％以上游离 SiO_2 的粉尘浓度为 $1mg/m^3$。故凡是有粉尘产生的工序都需要处理，常采用就地覆盖、淋水及小型的收尘设备等方式进行收尘处理。

因为陶瓷原料（黏土、长石、石英、滑石等）、釉料原料以及耐火材料用原料（黏土、高铝矾土、石英、滑石等）都含有较高的二氧化硅，粉尘中的游离二氧化硅与各原料所含有游离的二氧化硅相对应，一般波动在原料所含游离的二氧化硅量的 0.7～1.3 倍。

游离二氧化硅的含量直接关系到尘肺的发生，极大地影响人们的身体健康，粉尘中游离二氧化硅的含量越高，则致肺尘埃沉着病（旧称尘肺）的作用越强。当粉尘中游离二氧化硅含量高于 10％时，会导致肺组织进行性病变加快，其后果相当严重。如果粉尘中游离二氧化硅含量低于 10％，上述病变发展较慢。陶瓷厂的粉尘中游离二氧化硅含量为 3.49％～79.97％，其中 95％以上超过 10％（包括卫生陶瓷、釉面砖、锦砖、耐火材料等生产厂）。粉尘中游离二氧化硅含量多少应与各厂坯、釉料中所含游离二氧化硅成正比，也就是所测游离二氧化硅是反映各厂各工序本身的特性，单从这一数值的高低不能判断其对人体的危害程度，但后面对粉尘浓度测定结果来看，多数厂的绝大多数粉尘是超标的，其危害也就是显而易见的。因此，对其防尘要求也就更加严格。不论生产哪种产品，其配料中含游离二氧化硅越高，对其防尘、除尘要求也就越高。

重金属（铅、镉、汞等）：重金属的主要来源是坯釉料中的矿物质在高温下分解以离子状态析出，随着废气（烟气）被排放出来。目前的处理方法采用的是过滤和水洗涤的方法除去，过滤通常采用布袋过滤，水洗涤通常采用水雾喷淋而使重金属离子沉降。

1.2.1.2　废水

在陶瓷工艺中原料本身含有水分，为了工艺的要求，需要添加大量的水。这些水相当部分在干燥（及烧成）过程中以水蒸气的形式排放出去。还有部分被压滤出来，连同设备、地面的冲洗用水、墙地砖抛光冷却水、湿法处理尾气时的用水等形成了陶瓷企业的废水。一条年产 $1×10^6 m^2$ 的墙地砖生产线，每天可产生 120t 废水，而一座中型日用陶瓷厂每天产生废水 500～1000t。

建陶生产产生的废水主要可以分为三类：磨抛废水、冲洗废水和尾气净化废水。投入到打磨抛光、地面和设备冲洗、尾气净化等工段中的水资源，经使用后，转化成了不同类型的废水。打磨抛光用水将携带磨抛粉屑和磨抛剂等污染质而转化为磨抛废水；地面和设备冲洗用水将携带原材料粉料、大气降尘、油污而转化为冲洗废水；尾气净化用水将吸附尾气中的粉尘、可溶解污染质，并夹杂残余洗涤剂以及洗涤剂与污染质之间的反应产物等，最终转化为尾气净化废水。

不同来源的废水含有的污染质种类和数量各不相同。若采用收集汇总、集中处理的方式，将增加废水处理难度，也不便于废水的循环利用。因此，更为理想的建陶企业废水处理的基本原则是分类回收、净化和循环利用。

（1）磨抛废水的处理

打磨抛光废水是建陶企业生产抛光砖时排放量最大的一种废水，其所含主要污染质为产品的磨抛粉屑、研磨剂、抛光剂等固体颗粒物，有时含有少量的机械润滑油污。根据打磨抛光废水的特点，采用平流式沉淀池就可将废水中的大部分固体颗粒物去除。澄清水中仍将含有一定量的微细悬浮物，若要将其彻底去除，需掺加絮凝剂，经混合后再次进行沉淀处理。尽管掺加絮凝剂的沉淀处理方式可获得更为清洁的出水，但处理成本稍高；而直接的沉淀处理方式获得的出水含有一定量的微细悬浮物，但处理成本低廉，且可泵送至磨抛工段而被循环利用。

不过需注意的是，磨光工段的最后一道工序，即抛光操作的用水质量将影响产品表面质量。因此，经过处理回收的循环水最好应用于磨抛工段的前几道工序，即校平、粗磨、细磨、倒角、磨边等，而用水严格的抛光工序则使用新鲜清水。同时，新鲜清水的补入和利用可弥补废水回收处理和循环利用过程中的水量损失。

（2）冲洗废水的处理

冲洗废水来源复杂，包括球磨机、喷雾干燥塔等设备及地面的冲洗废水。各类废水的产生量和排放时间不稳定，分类处理将大大增加基建费用和运行费用，而集中处理则有利于处理设施的连续运转和进水量稳定。收集、汇聚后的污染质主要来源于原材料或混合料的泄漏料浆，沉降在地面的飞散粉料，以及一定量的燃料油滴漏、润滑油散失等。

由于冲洗废水中含有的主要污染质为颗粒细微的悬浮颗粒物，属于胶体分散体系，胶粒表面带负电，所以在处理这类废水时，需向废水中投加混凝剂，压缩双电层，降低ξ电位，破坏胶体的稳定性，从而达到泥水分离的目的。实验表明，随着固体悬浮物（SS）降低，化学需氧量（COD）也下降，即COD与SS呈正相关的关系。因此，对于冲洗废水，可将SS作为主要污染控制因子。具体的冲洗废水处理工艺流程为：废水经格栅去除粗大悬浮物后流入初沉池，上清水经投加一定量的聚合氯化铝（PAC）混凝剂并充分混合后进入平流式沉淀池（二沉池）。水中的悬浮物与混凝剂经过数分钟的反应，形成水解聚合物，产生双电层压缩、吸附架桥和网捕作用而聚结沉淀，上清水则流入清水池以备循环利用。

（3）尾气净化废水的处理

尾气净化过程是否产出废水，主要取决于尾气净化工艺。只有采用气体洗涤技术的湿法尾气净化系统才有废水产生。湿法尾气净化系统的反应原理不同，产生的废水类型也不同，但其处置原则基本类似，即将废水经过沉淀处理后，分离出上清液，采用碱性物质重新调整pH值后，再作为碱性吸收液循环使用。

1.2.1.3　固体废物

（1）废品

陶瓷废品根据产生工序的不同，可分为坯废品、施釉废品、素烧废品、烧成废品及彩烤废品等。据测算，我国仅墙地砖生产每年就产生 40 多万吨生坯废品，烧成废品则更多，达 60 多万吨。

（2）废模及废匣钵

日用、卫生陶瓷厂的成形车间都大量使用石膏模，石膏模在重复使用一定次数破损及产品更新换代时，就失去了原有的使用价值而成为废模。废石膏模具可以被回收利用或者做填埋处理。废匣钵来自有匣钵的烧成车间，主要是由于破损、粘连等原因失去原有强度，最终成为废匣钵。废匣钵的产生量一般略小于所生产产品的质量。现在因为采用清洁燃料，大规模陶瓷生产中采用的匣钵烧成已经被淘汰。

（3）废泥渣

陶瓷厂废泥渣包括废泥和废渣。废泥是指废水沉淀物，分含色釉料废泥和不含色釉料废泥两种。前者化学成分复杂，对环境影响比较大。废渣主要是墙地砖抛光磨边产生的，其成分主要是砂轮磨料中的碳化硅、碱金属化合物及可溶性盐类。

以上固体废弃物可以分为烧成前的废坯、废泥等以及烧成后形成的废品（废匣钵）。在目前激烈的市场竞争形势下，陶瓷企业为了更大地争取利润，都很重视固体废物的再利用。废坯、废泥等物质因还没有发生本质的变化，其成分与陶瓷原料相近，往往可以再次作为原料以小比例重新引入到陶瓷工艺中，而并不影响产品的性能。烧成后的废品原来大多做填埋处理，随着社会的发展、技术的进步，现在这些废品被用作制备透水砖、多孔陶瓷等功能材料的主要原料。

此外，经过收尘环节收集下来的粉尘也作为固体废物，建筑陶瓷生产中原料混合、喷雾干燥造粒、压坯、修坯等工序中产生的粉尘经除尘设备收集，转化为粉状固体废物。由于这类粉状废物的化学成分和矿物组成与生产配方相近，在没有受到严重污染的情况下，可直接返回到配料球磨工段，加以循环利用。

所以陶瓷企业的固废大部分可被回收利用，少部分目前无法利用的可做填埋处理。关于固体废物的综合利用还可详见 6.1.2 和 6.1.3 小节。

1.2.2　污染物产生的环节与原因

如前所述，在陶瓷生产工艺中，大部分环节都会产生各种污染物，但最主要的环节是来自原料处理的喷雾干燥系统及制备煤气、烧成窑炉环节。

1.2.2.1　原料处理工序、喷雾干燥塔的污染

喷雾干燥塔是一种将液态物料烘干成粉状料的工作单元。我国建筑陶瓷企业使用的喷雾干燥塔，尾气除尘基本上全为旋风除尘器，其除尘效果普遍不太理想，除尘效率最高也只能达到 93%～94%，尾气中的粉尘排放量远远超过国家环保标准。据测算，每年我国建筑陶瓷企业随喷雾塔尾气排放到大气中的原料高达 6.44×10^5 t，相当于 3 个日产瓷砖 2.3×10^4 m³ 的大型陶瓷企业一年的原料需用量。以 3200 型喷雾干燥塔为例，每

天随尾气排放的粉尘高达 16.65t，这么多的粉尘排放到大气中，会严重影响周围人群及动植物的生态环境。研究表明，微粒粒径小于 $2\mu m$ 的时候，可以富集 $60\%\sim70\%$ 多环芳烃和多数的其他有害物质以及细菌病菌，而微尘沉积在肺部能存在数周以致数年，粒径愈小，致变活性就越大。因此，生活在这样的环境中，极易患呼吸道感染、尘肺、肺癌等疾病。另外，这种粉尘呈酸性，随风飘浮，降落在土壤就会使土壤酸化，破坏了农作物生长环境，造成农产品质量下降和减产。

此外，原料制备工序的粉体制备设备也会造成粉尘污染。这主要是某些粉碎设备的粉尘收集设施落后造成的。某些粉碎设备如粗颚式破碎机、细颚式破碎机、旋磨机等都属于能耗高、污染大的设备，粉碎设备的装、卸料口也易造成粉尘飞扬，比如加料时喂料机入口、球磨机入口、喷雾干燥塔出料口、除尘器卸料口等环节都会造成粉尘飞扬，如果不作处理，就会使车间空气环境恶化，严重影响操作人员的身体健康。

1.2.2.2 制备煤气、烧成工序造成的污染

（1）不同燃料及制备煤气造成污染

以煤为燃料造成的污染。我国是世界第 3 个煤炭储量大国，同时也是世界上最大的煤炭消费国，耗煤量占世界的 1/4，大部分都作为燃料烧掉，故煤炭作为燃料直接燃烧是我国大气污染的主要根源。目前我国大气中 90% 的 SO_2、85% 的 CO_2、80% 的 RO_x（粉尘）和 50% 的 NO_x 均来自煤的燃烧，其中燃烧后排放出的温室气体 CO_2 占我国全部矿物燃料燃烧排放出 CO_2 的 85%，而我国每年的 CO_2 排放量已排名世界第二位（13.6%）。陶瓷窑炉使用的燃料多种多样，而煤炭资源丰富，分布广泛，可就地取材，所以对于大中小陶瓷企业，特别是乡镇企业，仍有很大的吸引力。

因为直接燃煤生产稳定性差，产品质量无法保证，陶瓷企业都采用将煤制成煤气作为燃料使用。煤气发生站在制备水煤气时，产生了大量的二氧化硫、焦油、酚水等有毒有害物质，这些污染物质经过水洗、湿法除尘、脱硫、去焦，将煤气中的污染物转移到水中，污水中的焦油沉淀后可以回收利用。但水中含有的大量酚类等有机化合物，毒害性非常大，而且陶瓷企业无法解决。曾经有陶瓷企业偷排出去造成了周边大量的农作物绝收、水产品及牲畜死亡事件。目前陶瓷企业将这类污水加入到制浆用水，带入到原料中，在喷雾干燥及烧成时利用高温将酚类等有机物氧化分解无害化排出。也有部分企业将污水浓缩后，运输到专门的废水处理公司去处理。无论是利用高温氧化分解还是外运处理，在储存、运输、干燥等过程中，仍旧有少量的有机物蒸发出来，而对周边环境造成污染。

据计算，烧天然气的 CO_2 排放量比烧煤炭少 40% 左右，烧石油比烧煤炭少 15% 左右，燃烧产生的大量的 CO_2 促使地球大气层产生温室效应，造成地球表面温度逐年升高，使人类生态环境受到重大的威胁。人类文明进程中所产生的温室气体的负面作用正威胁着人类本身的生存和发展。各国为了减轻温室效应给人们带来的严重后果，采取各种积极的措施，如丹麦、荷兰、瑞典、芬兰四国已开始向企业征收 CO_2 的排放税，多数国家征收煤炭税，即用税收政策来控制 CO_2 的排放量。SO_2 虽不是温室气体，但却是很有害的气体，其与空气中的水蒸气结合生成的亚硫酸和硫酸对森林植被、农作物、建筑物、文物古迹、牲畜等一切生物及人类本身都有很大的危害。据统计，世界历史上

最典型的 10 次公害事件中,有 8 次是由于大气受 SO_2 等有害气体污染而引起的。目前我国每年由于环境污染造成的损失高达 380 亿元,占国民生产总值的 6.75%;大气污染造成损失高达 120 亿元,占国民生产总值的 1.67%。例如,某村就有多家陶瓷厂,据佛山环保部门统计仅三家陶瓷厂的 SO_2 排放量就达到 100.9t。佛山城南大气自动检测结果显示,SO_2 浓度为 0.254mg/L,可见陶瓷厂废气污染的严重性。

燃烧重油造成污染。重油是用原油经常压或减压蒸馏提馏分后的残渣油。重油作为经济、安全、热值高的燃料,早期在陶瓷窑炉上使用较多,但由于所使用重油的质量越来越差、黏度高、雾化困难、燃烧性能不好、含杂质高、污染产品等,影响了它在陶瓷窑炉中的应用。重油在陶瓷窑炉中燃烧也会产生烟气污染,高标号重油硫含量较高,燃烧时除生成 CO_2 外,同样产生 SO_2、NO_x、CO 等有害气体及黑色烟尘。烟尘的主要污染物为炭黑,它是燃料不完全燃烧的产物,原因是重油雾化后温度急剧升高到 650℃ 以上时,重油发生不对称裂化,形成易燃的轻碳化合物和难燃的重碳化合物及游离碳粒,另外重油油滴蒸发成油气后,高温下缺氧发生热解,产生少量油烟碳粒,这些难燃的重碳氢化合物、游离碳粒,油烟碳粒随烟气排出而形成黑烟,其林格曼黑度一般 4 级左右,既不符合国家标准,也造成对环境的污染。

燃烧轻柴油或燃气造成污染。轻柴油是动力燃料,由于陶瓷烧成对燃料洁净的要求愈来愈高,故被用作陶瓷窑炉燃料越来越多。只要燃烧完全,排放出的烟尘不多,黑烟、粉尘污染远低于燃煤窑炉,一般也不会对制品产生影响。气体燃料是一种洁净燃料,最适合用于烧制陶瓷,其一般含杂质少,特别是一般不含硫。但这两种燃料一样会产生 CO_2 温室气体,特别是会产生 NO_x,NO_x 生产速度与燃烧过程中的温度及氧、氮浓度有关,与气体在高温区停留的时间密切相关,停留的时间越长,烟气中的 NO_x 浓度越大。

(2) 窑炉类型、结构、材料造成的污染

窑炉结构不合理造成热污染。据报道,我国共有建筑卫生陶瓷厂 4000 多家,有大小窑炉上万座,年耗标准煤超过 5000 万吨,而能源的利用率仅是美国的一半,即 28%～30%。这些窑炉中很多仍是砖砌式窑墙结构,窑墙厚。特别是早期的隧道窑,窑墙厚达 1～2m。由于大都是重质耐火砖,热导率大,故窑墙外表面温度高,有的高达 300～400℃,不但造成了热损失,造成了窑炉车间环境恶劣,还严重影响窑炉操作人员的身体健康。现在很多辊道窑,辊棒日夜滚动,使填塞的保温棉辊成孔洞漏热,特别是正压操作,火焰从孔洞两边喷出,辊棒附近温度高达 300～400℃,对周围环境造成严重热污染。还有便是大多数的梭式窑,由于结构及烟气的排出没有经过余热回收,大多数梭式窑在高温阶段排放的烟气温度达到了 600～860℃,不但大量的热从不锈钢板所弯制的烟囱排出,而且由于烟囱外壁的辐射对流把大量的热散失在车间周围引发热污染。由于热耗增加,故要多消耗大量的燃料,燃料在燃烧过程中会产生更多的废气污染环境。

保温材料和保温方式不合理造成污染。不同的窑墙结构,其保温效果完全不同,窑墙外表面的温度也不同,亦采用不同的保温材料。利用轻质保温材料或陶瓷纤维,可大大地增强保温性能,使窑外壁的散热量大大减少。原因是纤维的热导率一般只有传统耐火砖的 1/6,相对密度在 100～600kg/m³,是传统耐火砖的 1/25,而蓄热量仅为砖砌式炉衬的 1/30～1/10。如使用温度在 1300～1500℃ 的新型 SX 系列电阻炉,使用莫来石纤维，不但可以减少炉壁厚度，大大减轻窑炉质量，加快窑炉升温速度，空炉升温至1500℃，升温时间比传统电炉减少 18 倍之多，即比传统电炉少 20min。大大减少窑外壁的散热量，节能率可达 30％左右。在连续式窑炉高温部位粘贴莫来石纤维，节油率达 28.7％。全纤维 5m³ 梭式窑每窑次耗气量为 170kg 左右，比原砖混结构窑炉每次可节气 60kg 左右。故现代的轻质窑墙或全纤维质窑墙保温性能都很好。同时，由于保温性能好，减少热损失，从而减少燃料的损失，实际上是减少了废气污染。

1.2.2.3 坯体成型、输送与产品后处理等其他工序产生的污染

成型、生坯输送以及产品后处理工序需要排掉模具内的空气，此时随排气会使部分粉料飞起，布料时也会使部分粉料飞扬。

生坯在输送线上需经反转、清扫等工序，利用压缩空气将坯体表面多余粉料及污染物吹掉，在输送线上的施釉环节也会造成粉尘飞扬。由于瓷质砖经烧成会发生收缩，因而出瓷产品尺寸差异较大。为了消除此缺陷，需要进行后处理——磨边，磨边时也会造成湿的粉尘飞扬，影响瓷质人员的身体健康。

如果采用注浆成型工艺，生产过程中的粉尘会大幅降低，但另一方面又会产生大量含有高浓度固体颗粒物的泥浆污水。这些污水若直接排放至市政排水管网，则极易造成管道堵塞、淤积，而且泥浆污水中有大量的原料粉体，直接排污也是一种巨大的浪费。因此，泥浆污水应收集处理，对污水中的颗粒物进行沉淀、过滤，回收原料粉体，同时可将处理后的污水进行重复利用。

第2章 原辅料处理过程中节能减排的综合治理

通常，工业制造生产中的能源消耗包含广义和狭义两个概念，狭义上的只是能源消耗，包括电能、热能等的能源消耗；广义的不仅仅是能源消耗，还包含了原料消耗（包括添加剂消耗）和水资源消耗，因为这两者的增加，不仅是增加了成本，也会引起电能、热能等的能源消耗的增加。

对于陶瓷生产而言，原料的消耗属于本质性消耗（当然也存在替代原料使用、废物资源化利用等），相对稳定，然而水资源消耗和能源消属于过程性消耗，在从陶瓷原料到陶瓷产品的整个加工过程中不断发生，且其消耗量因加工技术的工艺流程及设备配置的不同而不同，体现出不同的生产水平。因此，对于陶瓷生产过程中各个工序所用的节能减排治理技术，将以介绍降低能源（包括热能和电能）消耗为主，兼顾介绍降低水资源消耗。

目前，日用陶瓷原材料处理过程中需要制备浆料，一般采用湿法球磨来制备，然后采用石膏模具注浆成型或压滤制备泥饼、练泥采用可塑法成型。这两种方法可以通过调节含水率、添加电解质等来调节成型所需的工艺性能，能够制备出符合要求的坯体。卫生瓷主要采用注浆成型，其因制品尺寸大、质量大，干燥、烧成时容易变形开裂，因而对浆料要求更高，要求尽可能降低含水率、对流动性、触变性等要求也高。建陶行业原材料处理过程采用的是湿法球磨和喷雾干燥工艺，总体而言，基于湿法球磨和喷雾干燥的湿法制粉技术所生产的粉料成品具有非常优异的性能表现。在微观上，原料真颗粒细腻、混合均匀，而在宏观上，球形粉料流动性好、松装密度大、含水率可控，很好地满足了生坯压制成型和烧成熟坯对原料物理状态的要求；在工艺上，湿法制粉技术的原料、配方适应性强，生产稳定性好。因此，湿法制粉技术备受建筑陶瓷行业的认可和青睐，得到了极为广泛的应用。

2.1 能源消耗分析

2.1.1 水资源消耗分析

无论是日用瓷还是建筑卫生瓷，在整个原材料处理过程中，水资源的消耗主要发生在制备浆料的湿法球磨步骤。当然，原料中往往也含有一定量的水分，但是其含量极为有限，需额外引入大量的球磨用水，制备含水率为30%～40%的浆料。在湿法球磨步骤投入的水资源，经过注浆、压滤、喷雾干燥等步骤，转化成了多种形式（图2-1）。

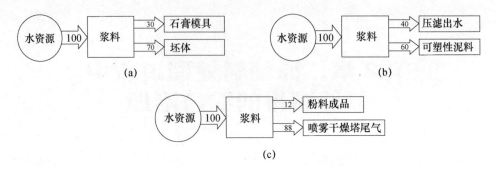

图 2-1　湿法制粉技术的水资源消耗及其转化形式
(a) 注浆成型；(b) 可塑法成型；(c) 干压法成型
(注：图中比例数值为当前工艺水平下的典型数据)

（1）作为产品成型时必需的含水率，以液态水的形式，存在于坯体、可塑泥料或粉料成品中。这部分水资源的消耗属于本质性消耗，其消耗量决定于各成型方法对对含水率的要求（如可塑性泥料含水率为 18%～26%，干压成型为 5%～7%），基本无节约空间。

（2）以液态水的形式，被石膏模具所吸附，最终在石膏模具干燥时，以水蒸气的形式排入大气。

（3）以液态水的形式被压滤出来，这部分水资源可以简单收集重复利用。

（4）以水蒸气的形式，从浆料中蒸发并转移到喷雾干燥塔尾气中，排入大气。

第（2）、（4）部分水资源的消耗属于额外性消耗，所占比重较大。为降低其消耗量，节约水资源，需尽可能地降低浆料的含水率。但是，为保证湿法球磨和浆料输送的高效进行，节约电耗，需要浆料含有足够的水分，表现出良好的流动性。通常，若仅仅将陶瓷原料与水混合制备浆料，需使其含水率达到 70% 以上，才能获得足够的流动性。生产中通过使用减水剂（如电解质抗絮凝剂），可在保证浆料流动性的同时大幅度降低浆料的含水率，通常可降为 30%～40%，浆料制备技术好的企业甚至可以低至 27%～29%，具体依原料料性而定。

在当前工艺技术水平下，通常每生产 1t（以固体质量计）粉料成品，采用湿法制粉技术的水资源消耗总量约为 0.4t，具体依原料自身含水率、球磨工艺参数而定。

此外，工厂车间内部的设备、设施和地板等的冲洗用水，也属于水资源消耗的一部分，但这部分水通过厂内的污水处理系统进行简单处理后可循环使用。

2.1.2　热能消耗分析

陶瓷原料处理生产过程中，热能消耗有喷雾干燥、热风干燥。热风干燥主要是采用窑炉的余热来干燥石膏模具。对于小型企业，模具干燥量不大的场合，有时候也采用电加热来干燥石膏模具。

喷雾干燥步骤是原料处理过程中消耗热能的最大步骤。喷雾干燥塔需要利用 450～600℃ 的高温热风，对浆料雾滴进行干燥。生产中采用鼓风机向燃烧器中鼓入大量新鲜空气，将燃料燃烧产生的高温热能带入喷雾干燥塔，形成高温热风，用于浆料雾滴的干燥。

在喷雾干燥过程中，进入喷雾干燥塔的热能转化成了多种形式（图 2-2）。

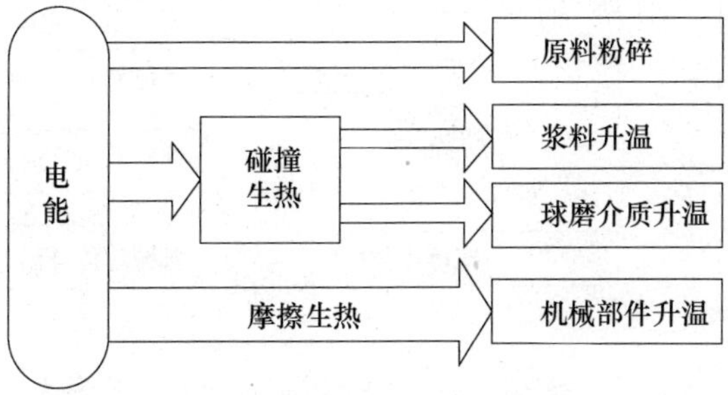

图 2-2　喷雾干燥塔中的热能消耗及其转化形式

（1）做有用功，使浆料所含水分蒸发成为水蒸气，进入尾气中。这部分热能的消耗属于干燥过程的本质性消耗，所占比重较大，为降低其消耗量，节约热耗，可考虑降低浆料的含水率、提高浆料的初始温度。通常，前者可通过合理使用减水剂来实现，对热耗节约的贡献很大；而后者的贡献能力比较有限，因为浆料初始温度的增加也意味着热能的前期投入增加。

（2）以热能的形式，存在于粉料成品中，使粉料成品温度高于室温。这部分热能的消耗属于额外性消耗，所占比重很小，其节约空间也非常有限。该热能一方面将使粉料在被送往料仓的途中进一步丧失水分；另一方面，当粉料进入料仓中陈腐后，残余热量将有助于加速水分的扩散均化，最终散失到周边环境中。

（3）以热能的形式，存在于尾气中。这部分热能的消耗属于干燥过程的额外性消耗，所占比重较大，但对于喷雾干燥塔的正常生产来说，也属于必要性消耗。其原因在于，喷雾干燥塔尾气中含有大量的水蒸气（来源于浆料）和酸性物质（来源于燃料燃烧），为防止水蒸气和酸性物质凝结（即露点现象），对生产设施及烟囱产生腐蚀，需使尾气的烟囱出口温度（即排气全过程的最低温度）保持在足够高的范围。

（4）以热能的形式，散失到喷雾干燥塔的周边环境中。这部分热能的消耗也属于额外性消耗，所占比重不大，但其比重会因防范措施采取的适当与否而产生较大波动。

在当前工艺技术水平下，通常每生产 1t（以固体质量计）粉料成品，采用湿法制粉技术的热能消耗总量约为 450kW·h。

2.1.3　电能消耗分析

电能的消耗在陶瓷原料处理过程中很大，几乎发生于每一个步骤，主要是用于驱动各种电机，产生机械能，服务于生产。在整个原料处理过程中，最主要的电能消耗发生在湿法球磨步骤，其次是压滤及喷雾干燥步骤，采用高压注浆时，注浆步骤也需要消耗电能。

在湿法球磨步骤，电能被输入电机使其转动，从而带动球磨罐转动，并使罐内的球磨介质不断抛起、落下，彼此之间碰撞、摩擦、挤压，使处于球磨介质之间的原料真颗粒的物理、化学键断裂，从而实现原料真颗粒的尺寸减小。投入到湿法球磨的电能转化成了多种形式（图 2-3）。

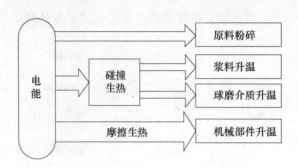

图 2-3　湿法球磨过程中的电能消耗和转化形式

（1）做有用功，使原料真颗粒尺寸减小。这部分电能的消耗属于球磨过程的本质性消耗，但所占比重不大，更多的电能转化成了热能而损失。

（2）以热能的形式，存在于浆料、球磨介质中，使其温度升高。这部分电能的消耗属于球磨过程的额外性消耗，所占比重较大。在球磨过程中，球磨介质彼此碰撞的机械能，除少部分用于原料真颗粒破碎外，大部分球磨介质彼此碰撞而转化成了热能，使球磨介质温度升高。存在于球磨介质中的热量一部分转移至浆料中，随浆料排出；另一部分则转移到下一批浆料中，或者通过罐体以热损失的形式，散失到周边环境中。在理论上，从整个湿法制粉过程考虑，转移至浆料中的这部分热量具有一定的积极意义。因为浆料温度的升高往往有利于浆料流动性的提高，从而有利于减小湿法球磨过程、浆料管道传输过程及浆池搅拌过程中的阻力，节约能耗。此外，浆料初始温度的增加也意味着喷雾干燥时浆料水分蒸发所需消耗热能的减少。但是，实际生产中，浆料中含有的这部分热量往往在浆池存储过程中，散失到环境中，难以有效利用。

（3）以热能的形式，存在于机械部件，并散失到周边环境中。这部分电能的消耗也属于额外性消耗，且所占比重很大。在球磨过程中，摩擦作用广泛地存在于电机、机械传动装置、轴承等部位，产生大量热能，散失到周边环境中。同时，如前所述，罐内的部分热量也通过罐体散失到环境中。

湿法球磨步骤是湿法制粉过程中电能消耗量最大的步骤，其他步骤的电能消耗量相对较少。不过相对而言，在其他步骤中，压滤机消耗电能较大，主要是用于驱动液压机压缩料浆，使料浆中的水分从滤布中渗透出来。此外，喷雾干燥步骤的电能消耗也较多。喷雾干燥步骤的电能消耗除了少部分用于泵送、雾化浆料之外，绝大部分是用于驱动鼓风机，将大量高温热风鼓入塔内进行干燥作业后，再将其抽出塔外，并使其通过各级尾气处理设施，最后排入到大气中。

在当前工艺技术水平下，通常每生产 1t（以固体质量计）粉料成品，采用湿法制粉技术的电能消耗总量约为 60kW·h。

2.2　节能降耗综合治理方案

节约能源消耗、降低资源消耗统称为节能降耗。2.1.1节详细介绍了原料处理过程中水资源、热能、电能的消耗途径和转化形式。可见,在陶瓷原料处理时,并非投入到生产中的所有水资源及能源都转化到了粉料产品之中,相当一部分水资源及能源消耗都属于额外性消耗。因此,原料处理工序存在较大的节能降耗空间。

历经三十多年的发展,在经济及环保效益的驱动下,针对原材料处理工序中的节能主要是湿法球磨步骤。此外,建筑陶瓷行业湿法制粉时需要消耗大量的额外性水分,因而降低水消耗空间大,节能效果显著,已经出现了许多针对湿法制粉技术的节能降耗技术。本综合治理方案经过总结这些技术,分别从水资源、热能、电能节约技术方案三个方面进行介绍。

2.2.1 湿法球磨电能节约技术方案

传统陶瓷的原料处理过程中都需要采用湿法球磨,湿法球磨主要是电能消耗,其电能节约主要是通过提高球磨效率,缩短球磨时间来实现。具体技术方案如下:

1)优化球磨机转速

湿法球磨机的球磨原理是在球磨罐转动带动下,使罐内的球磨介质跟随转动,并不断抛起、落下,通过球磨介质之间的碰撞、摩擦、挤压作用,将处于球磨介质之间的原料破碎。不同的球磨机转速所产生的球磨作用不同,为获得较高的球磨效率,应根据具体情况选择合适的转速。

图 2-4 显示了不同球磨机转速下的球磨介质运动状态。从状态 A 到状态 D,球磨机的转速不断增加,将球磨介质提升至更高位置抛出(对应于更大的球磨介质整体倾斜角度 β)。

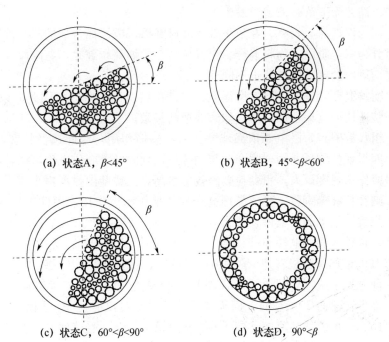

(a) 状态A,$\beta<45°$ (b) 状态B,$45°<\beta<60°$

(c) 状态C,$60°<\beta<90°$ (d) 状态D,$90°<\beta$

图 2-4   不同球磨机转速下的球磨介质运动状态

当球磨机转速较慢时〔状态 A,图 2-4 (a)〕,球磨介质被抛出时所处的倾斜角度口较小，其运动速度也较小。此时，球磨介质并不能被有效抛出，通常只能向下滚落，其碰撞作用强度较小，主要产生挤压摩擦作用。随着球磨机转速逐渐增加，球磨介质的运动速度也逐渐增大，越来越多的球磨介质被有效抛出后落下，且下落高度也逐渐增大，因此碰撞作用增强。同时，挤压摩擦作用也因运动速度的增加而增强。

当球磨机转速进一步增加时［状态B，图2-4（b）］，球磨介质的运动速度增加，且被抛出时所处的倾斜角度 β 也更大。此时，被抛出的球磨介质下落高度继续增大，且数量增多，因此碰撞作用强度进一步增加。而对于挤压摩擦作用，一方面其强度因球磨介质运动速度的增加而增大，另一方面其数量则因堆积在一起的球磨介质数量的减少而减少，总体呈现先增大后减小的变化趋势。在一定速度下，部分球磨介质会直接抛落至罐壁的内衬表面，而非其他球磨介质表面。球磨过程中浆料的体积往往多于球磨介质的体积，在球磨介质与罐壁内衬碰撞时，其间也可能存在着浆料，所以这类碰撞作用通常也属于有效球磨作用。但是，由于其下落高度较低，因此强度也有所减小，而且此类碰撞会加速内衬材料的磨损，减少其使用寿命。

当球磨机转速继续增加时［状态C，图2-4（c）］，球磨介质的抛出速度和倾斜角 β 继续增加，更多的球磨介质与罐壁内衬发生碰撞，且球磨介质下落高度进一步降低，碰撞强度下降。而且，因为球磨过程中浆料在罐内的填充往往并非充满，所以很多球磨介质与罐壁内衬的碰撞属于直接碰撞，其间无浆料存在，属于无效碰撞。因此，此类碰撞的增加不仅会加速内衬的磨损，而且对原料研磨的贡献甚微。

当球磨机转速高于某一临界转速时［状态D，图2-4（d）］，球磨介质将会跟随罐壁一起旋转，而并无下落碰撞现象发生。

通常，为提高球磨效率，并防止罐壁内衬磨损，应选择合适的球磨机转速。球磨过程可先后分为三个阶段：物料混合、粗颗粒破碎、细颗粒破碎，各阶段的球磨状态不一样，与之相适应的球磨机转速也不同。

（1）物料混合阶段的球磨效率很低，也是球磨机启动阶段，因此应以低转速为宜，此时，高转速使得电耗增加，而对球磨的帮助甚微；

（2）粗颗粒破碎阶段主要依靠球磨介质的碰撞作用，因此选择状态B时的最佳转速为宜，即保证抛落最远的球磨介质与底部最边缘的球磨介质发生碰撞，此时下落高度最高，碰撞作用强度最大，粗颗粒破碎效率最高，且罐壁内衬磨损小；

（3）细颗粒破碎阶段主要依靠球磨介质的挤压摩擦作用，因此选择状态A时的球磨机转速为宜，但也不能太慢，通常为状态B最佳转速的80%左右，此时挤压摩擦作用强度高，且转速低，电耗小。

状态B的最佳球磨机转速（ β 约为45°）的大概值可通过以下两种方式获得。

第一种方式是从临界转速（即状态D开始发生时的转速）换算而得。通常，该最佳转速为临界转速的70%左右，而临界转速较易通过试验测得。因此，可先获得临界转速，再换算获得最佳转速。此外，临界转速及最佳转速受球磨罐内壁形状及大小的影响，对于生产通常使用的罐内直径为3m的球磨机，其最佳转速为12～16r/min。

第二种方式是采用如图2-5所示的球磨耗时-转速曲线。随着球磨机转速从零逐渐增加，球磨介质的碰撞作用强度及挤压摩擦作用强度均呈先增大后减小的变化趋势，因此，获得同样球磨程度所需的球磨时间则呈先减小后增大的变化趋势，故图中最低点对应的转速可近似为最佳。

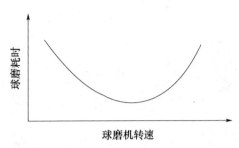

图 2-5　球磨所耗时间随球磨机转速的变化趋势

2）优化球磨介质的密度、大小和形状

球磨介质的密度、大小和形状均对球磨效率有着深远的影响。

对于体积一定的球磨介质，若密度越大，则球磨介质下落同样高度所具有的动能越大，碰撞作用也越强。同时，由于球磨介质之间的摩擦、挤压作用强度主要决定于球磨介质的质量，故球磨介质密度越大，则摩擦、挤压作用也越强。因此，选择密度较高的球磨介质，可提高球磨效率，节约球磨能耗。

在球磨过程中，大粒径的球磨介质由于自重大，冲击能力强，在球磨的前期非常有利于破碎粗颗粒原料，而小粒径的球磨介质由于比表面积大，与原料的接触机会更多，在球磨的后期可更为有效地进一步研磨细颗粒原料。因此，在球磨时，需合理配比不同粒径的球磨介质，以获得最佳的球磨效率。球磨介质的大小及级配与球磨罐的大小相关，通常可从球磨机供应商处获得较为理想的球磨介质粒径配比信息。

此外，不同的球磨介质形状也会产生不同的球磨效率。以生产中通常使用的圆球形、圆柱形球磨介质为例，圆球形球磨介质之间的接触为点接触，因此，碰撞时冲击力量较集中，强度较大；而圆柱形球磨介质之间的接触为线接触，因此，碰撞时强度相对较小，但是其接触面积更大，球磨效率相对更高。

3）优化球磨罐填充度

球磨罐填充度指浆料和球磨介质共同占有的体积与球磨罐体积之比。通常，为减少球磨介质的无效碰撞（即彼此碰撞而中间无浆料），浆料的液面应以盖住球磨介质为宜，但也不宜超过太多，不然会缓冲球磨介质下落的冲力，降低球磨强度和效率。生产中浆料体积和球磨介质体积之比往往比较恒定。

图 2-6 显示了为获得同样的球磨效果，所需球磨时间随球磨罐填充度的变化趋势。可见，从填充度为零开始，随着填充度的不断增加，所需球磨时间逐渐缩短，但是趋势逐渐变缓。这是因为，球磨介质和浆料的增加使得有效碰撞数量增加，从而提高球磨效率。但是，填充度的增加也导致了球磨介质下落高度的减小，使碰撞强度有所降低。因此，球磨效率的提高速率逐渐变缓。当填充度超过球磨罐一半时，因球磨介质下落高度减小而引起的球磨强度及效率的降低量，已大于因球磨介质和浆料的增加所带来的碰撞数量及球磨效率的增加量，使总体球磨效率下降，所需球磨时间逐渐延长。生产中的最

佳填充度往往略高于50％，此时球磨时间增加幅度很少，而浆料量的增加幅度相对较大，从而增加了单位时间的产量，提高球磨效率。

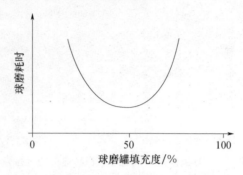

图2-6 球磨耗时随球磨罐填充度的变化趋势

4）采用连续式球磨机

传统的球磨机为间断式生产球磨机，即经过装料、球磨、卸料后，再重新装料，间断式生产。为进一步提高球磨效率，可采用连续式球磨机。通过设置网格［图2-7（a）］或采用特殊结构的内衬［图2-7（b）］或采用锥体型球磨罐［图2-7（c）］，在连续式球磨机的球磨罐内，使不同粒径大小的球磨介质从物料进口到浆料出口呈现粒径从大到小的分布，由此，接近于进口的大粒径球磨介质可通过碰撞作用专职地破碎原料粗颗粒，而接近于出口的小粒径球磨介质可通过挤压摩擦作用专职地进一步破碎细颗粒，整体的球磨效率得到提高。同时，由于减少了装料、卸料的停机时间，使球磨生产的工作效率进一步提高。因此，相对于间断式球磨机，连续式球磨机的生产效率更高，产量更大。

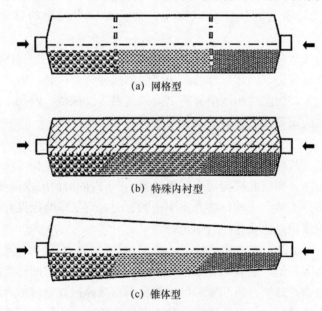

(a) 网格型

(b) 特殊内衬型

(c) 锥体型

图2-7 各种连续式湿法球磨机示意图

此外，采用间断式球磨机时，需在停机后将浆料逐渐排出，因此浆料在排出前在一定程度上处于静止状态，因触变而导致流动性有所降低。为保证浆料的顺利排出，浆料的含水率需控制在足够高的范围。然而，在连续式球磨机中，浆料在排出时仍处于球磨状态中，无流动性降低过程，另外，由于球磨效率的提高，浆料在球磨罐中的停留时间更短（即与罐体的热交换时间更短），因此球磨过程中摩擦产生的热量更多地保留在浆料中，使其温度更高（通常比间断式球磨浆料高 20℃左右），流动性也更好。因此，相对于间断式球磨机，连续式球磨机可在相对更低的浆料含水率下进行生产，有利于节约水资源和喷雾干燥热能的消耗。

不过，连续式球磨机的使用要求同步配置连续式自动化控制的称量、配料、进料系统，因此设备投资相对较高。而且，由于生产的高度连续化，任何步骤出现故障都将会引起生产的整体停顿，因此，连续式球磨系统的故障损失风险较大，对生产管理的要求更高。

2.2.2　降低料浆的含水率

如前所述，传统陶瓷的原料处理都需要制备陶瓷浆料，而成型后及干燥烧成等后续的工序，最终都需要将水分除去。如建筑陶瓷湿法制粉的喷雾干燥步骤，浆料中除少部分的水分转移到粉料成品中（含水率 5%～7%）之外，绝大部分的水分以水蒸气的形式进入喷雾干燥塔尾气而排放到大气中。因此，降低浆料含水率是节约水资源的主要途径。

浆料本质上是各种原料真颗粒的水悬浮液，这些真颗粒尺寸细小，表面因化学键的断裂常为电荷不饱和态，呈现为带电胶体粒子，易在范德华分子引力及所带异相电荷的作用下相互吸引而团聚成粒。尤其是黏土颗粒，其尺寸极为细小（约小于 $2\mu m$），受范德华分子引力的作用明显。而且，黏土颗粒常呈层状，在中性环境下颗粒的层面及棱角上带负电荷，而在偏酸环境下其棱角因吸附质子而转变为带正电荷，层面上却仍然保持带负电荷的状态，因此不同黏土颗粒之间易于相互吸引团聚成链，进而将其他原料颗粒（长石、石英）捕获，相互牵制，构成空间网状结构，使浆料整体丧失流动性。因此，将含有黏土的配合原料制备成为流动性合格的浆料，通常需投入大量水资源，浆料含水率高达约 70%以上。

为了节约水资源，就需要采取各种有效措施来降低浆料的含水率，同时还需保证浆料的流动性。为此，各种减水剂被开发应用到陶瓷浆料的制备中来。陶瓷浆料生产中所用减水剂通常为电解质抗絮凝剂，它促使原料真颗粒彼此远离，自由悬浮于水中，使浆料整体呈现出良好的流动性。电解质的抗絮凝作用：一方面，利用低价碱金属离子（通常为 Na^+）取代胶体颗粒双电子层（即内部吸附层、外部扩散层）中的高价碱土金属离子（如水中常含有的 Ca^{2+}、Mg^{2+}），扩大双电子层厚度，增大吸附层的电势（即 ξ 电势），以增加带有同相电荷颗粒之间的电荷排斥作用，克服范德华分子引力，使彼此远离；另一方面，对于大分子电解质，带电大分子基团（如聚合物）吸附至黏土胶体颗粒表面后，由于其结构庞大，增加了颗粒之间的空间距离，也促使彼此远离。最终，各个颗粒彼此远离，高度分散悬浮于水溶液中，使浆料呈现出良好的流动性。

生产中，通过适当地添加电解质抗絮凝剂，可在保证浆料流动性的同时，有效地降低浆料含水率，将其控制在 30%～40%。常用的电解质有硅酸钠、碳酸钠、硼酸钠、焦磷酸四钠、聚甲基丙烯酸钠、聚丙烯酸铵、多磺酸钠、柠檬酸钠、酒石酸钠等，其使用量通常为原料干重的 0.3%～0.5%，具体依原料料性而定。

除了降低浆料含水率之外，加大废水的循环使用量、减少新鲜水源的使用量，也是节约水资源消耗的重要途径。工厂内部各处的冲洗水、冷却水等，均可收集在一处，经必要的混合、过滤处置后，再计算其化学组成，可作为湿法球磨用水，从而有效节约水资源消耗。

2.2.3　喷雾干燥的节约热能技术方案

湿法制粉过程中的热能消耗仅仅发生在喷雾干燥步骤，因此，节约热能的技术方案主要是针对喷雾干燥步骤进行。

根据不同的理念及思路，本方案可以从以下三个方面进行。

1）减少生产对热能的硬性需求，降低生产中的本质性热能消耗。

对于喷雾干燥过程，热能的本质性消耗是为了将浆料中多余的水分蒸发，而获得含水率为 5%～7% 的粉料，以满足生坯压制成型的要求。因此，降低本质性热能消耗的途径是降低浆料的原始含水率，这与节约水资源消耗的途径是一样的，采取的措施也相同。

此外，通过提高浆料的初始温度，也可降低蒸发过程的热能需求。生产中，可考虑通过利用废热对浆料进行预热，这不仅可节约喷雾干燥的热能消耗，也可以增强浆料的流动性，减少输送阻力，节约浆料输送能耗，并预防浆料在管道、喷嘴等部位的堵塞现象发生。

2）降低生产中的额外性热能消耗，即减少浪费。

由喷雾干燥塔的热能消耗及其转化形式（图 2-2）可知，喷雾干燥过程额外性消耗的热能分别为粉料余热、尾气余热及周边环境热散失。

浆料雾滴经干燥后成为含水率为 5%～7% 的粉料，粉料的温度始终较低且较为恒定（通常为 40～60℃），随生产工艺参数的变化很小。因此，生产中单位粉料携带的热能较为恒定，且总量较小，其节能空间不大。然而，尾气携带的余热总量可以因工艺参数的变化出现很大波动，存在较大的控制节能空间。尾气余热量由尾气温度和尾气产量决定。若提高热风的进塔温度，降低其出塔温度（即尾气温度），意味着单位体积的气体传递给浆料的热能就越多，可蒸发的水分也越多，从而生产的粉料数量也越大，也即，生产单位粉料所排出的尾气量越少。因此，通过提高热风的进塔温度，降低热风的出塔温度，可有效减少尾气余热总量。生产中，提高热风进塔温度主要是通过调节燃烧器工艺参数，使其燃烧充分，并合理控制新鲜空气的配风比例。而对于热风出塔温度，生产中通过调控热风与浆料的投入比例，优化高温热风的流通路径，延长其停留时间，通常可将热风出塔温度控制在 150～200℃。过高的控制温度不仅意味着尾气余热的增加，也有可能阻碍后续尾气处理设施的使用；过低的控制温度则意味着进一步延长气流在喷雾干燥塔内的停留时间，从而要求建造和使用更大尺寸的喷雾干燥塔，往往经济效益并不明显，同时，过低的出塔温度将导致尾气在后续的尾气处理过程中因冷却而出现水蒸气和酸性物质的凝结，腐蚀设备及烟囱。

对于周边环境热散失，生产采取的主要措施是加强设施设备的保温，并防止热气流泄漏。喷雾干燥塔采用耐高温的隔热材料作为内衬，可有效减少塔体的热散失。值得注意的是，通常金属材料具有较高的热传导率，是热散失的主要通道，需利用外置保温材料覆盖，加强保温。喷雾干燥系统中的这类热散失通道主要包括热风输送管道、用于支持喷雾干燥塔内衬的金属外壳及支架、浆料输入管道、塔体上的观测窗口、法兰等。

3）余热的回收利用，包括使用外来的余热进行本步骤的生产和使用本步骤产生的余热进行其他步骤的生产。在喷雾干燥过程中，需使用新鲜空气，携带燃烧器产生的高温热能，形成 450～600℃ 的高温热风进行浆料雾滴的干燥，再转变成为低温尾气排出。

（1）在自身余热回收利用方面，由于喷雾干燥塔尾气中含有大量水蒸气和酸性物质，为防止其凝结而引起设施腐蚀，需在较高温度下排出塔外，再经过后续的尾气处理设施，温度下降至 100℃ 左右，从烟囱排出。由于喷雾干燥尾气的流量很大，此时，尾气中仍然含有大量的热能。若尾气中的酸性物质在尾气处理过程中被有效去除，或相关设施能承受酸性物质凝结而引起的腐蚀，可利用热交换器，对尾气中的余热进行回收利用，将尾气中的部分余热转移到燃烧器所用新鲜空气或燃料中，从而提高新鲜空气或燃料的初始温度，节约燃料消耗。

（2）在利用外来余热进行本步骤生产方面，由喷雾干燥的原理可知，喷雾干燥过程对干燥介质（高温热风）的要求主要有两点——温度和湿度，即热风的温度较高，且热能含量充足，以使浆料中多余的水分蒸发；同时，热风中的水分含量未饱和，以将蒸发产生的水蒸气带走。因此，只要是满足以上两点要求的余热源均可被用于喷雾干燥生产。当前，在发达国家（主要为西班牙），热电联产技术产生的热能已被广泛地应用于湿法制粉过程中的喷雾干燥生产，并可大幅度提高建筑陶瓷生产的整体能源利用效率，经济效益明显（详见 6.2.1 节）。

2.3　产生污染分析

传统陶瓷原料处理过程中基本不存在实质性的水污染和固废污染，但建筑陶瓷的原料处理存在严重的大气污染，主要指喷雾干燥塔的尾气污染，这也是整个建筑陶瓷生产过程中的主要大气污染源之一（另一大气污染源是窑炉烟气）。同时，建筑陶瓷生产中需要存放和使用大量的矿物原料，这些原料在露天堆放、转移、取用的过程中，处置不当也将产生大量粉尘，在风的作用下会扩散到周边环境中，给周边环境带来粉尘污染问题。此外，在车间内部，粉料成品以及其他粉体物料的传输、取用过程也将产生操作性粉尘，污染车间内部环境。

喷雾干燥塔尾气是由燃烧燃料产生的热风在喷雾干燥塔内将雾化浆滴干燥成为粉料后，形成的低温高湿度尾气，含有大量来自于燃料燃烧过程和喷雾干燥过程产生的污染物质，具体如下。

2.3.1　燃料燃烧过程产生的污染物

（1）氮氧化物 NO_x

NO_x 主要包括 NO、NO_2 等，通常 NO 约占 90%，根据生成机理不同可分为三类：快速型 NO_x、燃料型 NO_x 和热力型 NO_x。其中，燃料型 NO_x 和热力型 NO_x 是燃料燃烧尾气中 NO_x 的主要来源。

（2）硫氧化物（SO_x）

SO_x包括SO_2、SO_3，主要为SO_2。由燃料中所含硫元素在燃烧过程中氧化而成，其生成量主要取决于燃料中的硫含量。而燃料中的硫含量与燃料种类直接相关。当受到当地能源结构的影响，不可避免地必须选用高含硫量的燃料时，尾气中的SO_x的含量将较高。

（3）悬浮固体颗粒物（即粉尘）

燃料的不完全燃烧将生成含碳固体颗粒物，此外，固体燃料中的轻质不可燃物也将以固体颗粒物形式存在于尾气中。

（4）重金属、氯化物等

此类污染物质来源于燃料中，通常含量很低，由燃料的品质决定。

2.3.2 喷雾干燥过程产生的污染物

（1）悬浮固体颗粒物（即粉尘）

喷雾干燥形成的陶瓷粉料具有较广的颗粒级配，其中存在着大量的细小颗粒，自重较轻，易在塔外抽风机的抽吸下，混入尾气中一同排出。

（2）水蒸气

尽管水蒸气本身不会对环境构成污染，但大量水蒸气混入喷雾干燥塔尾气中，不但会影响尾气的污染处理过程和效果，也易在排入大气后冷却形成白色烟雾，造成视觉污染。喷雾干燥过程中，含水率为30%～40%的浆料被干燥成为含水率为5%～7%的粉料，浆料中的多余水分被蒸发后全部进入尾气中。

表2-1给出了一些典型的喷雾干燥塔尾气污染物数据范围。可见，喷雾干燥塔尾气是一种含有多种污染物质（主要为粉尘、SO_x和NO_x）的高湿度尾气，且流量很大，如果直接排放，将会引起严重的环境污染，因此需要进行有效的处理。

表2-1 喷雾干燥塔尾气的典型指标

	指标	含量范围
尾气特征	单位产品的尾气排量（m^3/kg）	4
	尾气流量（m^3/h）	30000～200000
	温度（℃）	60～130
	O_2（%）	16～20
	湿度	0.13～0.20
污染物含量	粉尘（mg/m^3）	＞1000（1500～30000）
	NO_x（以NO_2计）（mg/m^3）	5～300（200～850）
	SO_x（以SO_2计）（mg/m^3）	（50～1500）
	CO（mg/m^3）	2～50
	氯化物（以HCl计）（mg/m^3）	1～5
	硼（mg/m^3）	＜0.3
	铅（mg/m^3）	＜0.15
	CO_2（体积分数）（%）	1.5～4.0

注：括号内数据是国内以水煤气、柴油、重油等为燃料时的检测数据，其他是国外以天然气为燃料时的检测数据。

2.4　污染的综合治理

污染的综合治理包括两个层面，即从源头上减少污染的产生（源头减量）和从末端上处理已经产生的污染（末端治理）。生产中，应尽可能从源头上减少污染的产生，再对无法避免产生的污染在末端上进行有效的处理，以最大限度地减少污染的排放。

2.4.1　减少污染产生的技术方案

对于原料在堆放、转移、取用过程中引起的厂区周边环境粉尘污染问题，最有效的治理手段是构建封闭式原料厂房作为原料的存放及操作空间，从而避免该污染的发生。

对于车间内部的粉料成品及粉体物料的传输、取用引起的操作性粉尘污染，应使用封闭式传输设备或将传输皮带及其操作接口进行有效密封覆盖，避免粉尘的扬起和传播。

对于喷雾干燥塔的尾气污染问题，由前文介绍可知，尾气中的污染物质分别来源于塔外燃烧器中的燃料燃烧过程和塔内的喷雾干燥过程，因此，从源头上减少污染的技术方案包括以下两个方面。

1）减少燃料燃烧过程污染的技术方案

（1）NO_x 的减量技术。燃烧产生的 NO_x 主要来源于燃料型 NO_x 和热力型 NO_x。对于燃料型 NO_x，通过使用氮含量较低的燃料（通常氮含量：重油＞煤＞天然气、液化石油气、煤气）或将空气过剩系数控制在较低范围，均有利于减少燃料型 NO_x 的生成量；对于热力型 NO_x，通过采用先进的燃烧技术，提高燃烧区域温度场均匀性或将空气过剩系数控制在较低范围，均有利于减少热力型 NO_x 的生成量。当然，空气过剩系数的降低程度应以不影响燃料充分燃烧为限。

（2）SO_x 的减量技术。使用硫含量较低的燃料是减少 SO_x 生成量的唯一途径。通常，固体燃料（煤）、液体燃料（油）以及由煤产生的水煤气中含有较多的硫，而气体燃料（天然气、液化石油气）中的硫含量较少。

（3）粉尘的减量技术。通过优化燃烧条件，促使燃烧充分，可减少由燃料不完全燃烧所产生的烟尘，且有利于提高燃料的利用效率。

（4）重金属、氯化物等的减量技术。燃烧过程中重金属、氯化物等的生成量主要由燃料的自身品质决定，选取并使用优质燃料可减少此类污染物的生成。

2）喷雾干燥过程污染的治理方案

（1）粉尘的减量技术。喷雾干燥产生的细小陶瓷粉料大量混入尾气中形成粉尘。合理设置塔内抽风口的位置，控制抽风压力，有利于减少细小粉料的吸入量。

（2）水蒸气的减量技术。浆料中的多余水分蒸发成为水蒸气，进入尾气中。因此，降低浆料的含水率，有利于减少尾气中的水蒸气含量。

以上治理技术措施均有利于从源头上减少污染物质的产生，可在一定程度上收到降低污染的成效。但是，受喷雾干燥工艺本质特征的影响，当前的源头减量措施无法彻底避免污染的产生，污染的末端治理措施仍然非常必要。

2.4.2 污染末端的综合治理方案

从喷雾干燥塔中排出的尾气是含有大量粉尘、SO_x、NO_x以及少量其他污染物质的高湿度尾气。当前生产中采取的末端治理措施主要是针对粉尘和SO_x（相对容易治理），但是随着环境保护要求的逐步提高，NO_x（相对较难治理）的治理也将变得越来越重要。在此，本文将结合喷雾干燥塔尾气的特点，逐一介绍适用于粉尘、SO_x和NO_x的末端综合治理技术方案。

1）粉尘的治理技术

喷雾干燥塔尾气中往往含有大量的粉尘，且基本上为细小的陶瓷粉料。因此，最佳的治理方案是将粉尘从尾气中捕捉分离后作为配合原料回收利用，不仅可消除尾气中的粉尘污染，还可以节约陶瓷原料的消耗。

当前工业生产中应用广泛的除尘技术包括旋风除尘、静电除尘、袋式除尘、湿法除尘等。由于喷雾干燥塔尾气的湿度过大，静电除尘系统难以使用；而考虑到尾气中粉料的回收，湿法除尘也不宜使用。

（1）旋风除尘

旋风除尘技术历史悠久，从1885年就开始被人们使用。其原理是利用气流旋转产生的离心力将气体中的粉尘分离出去，其核心设备是旋风分离器（图2-8）。

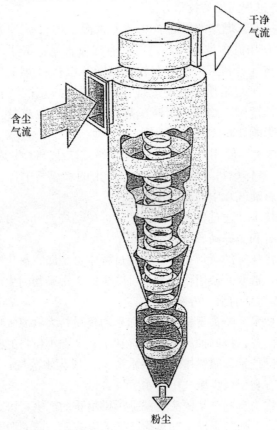

图 2-8 旋风分离器结构示意图

普通旋风分离器由筒体、锥体、排出管等部分组成。含尘气流由进口沿切线方向进入旋风分离器后，沿器壁由上而下做螺旋状高速旋转运动。粉尘一方面受气流运动的影响，在其中旋转下降；另一方面由于密度远大于气体，因此在惯性离心力作用下逐渐移向筒壁，最终与筒壁相碰，沿内壁旋转滑下，被收集在底部的灰斗，并由此排出。气体则因质量小，受离心力作用甚微，随圆锥形的收缩转向除尘器的中心，并受底部阻力作用，转而上升，形成一股上升旋流，从上端排气管排出，从而实现了气、固分离。

旋风分离器的除尘效率随粉尘颗粒物尺寸的增加而提高，对于粒径大于 $40\mu m$ 的粉尘颗粒物，其去除效率高达 $95\%\sim99\%$，但是对于粒径小于 $5\mu m$ 的粉尘颗粒物，其去除效率仅为 $50\%\sim80\%$。喷雾干燥塔尾气中的粉尘基本上为陶瓷粉料，其粒径大部分大于 $40\mu m$，因此，利用旋风分离器可以有效地分离回收喷雾干燥塔尾气中的绝大部分粉料。

但是，经过旋风分离器后的尾气中仍然含有许多细微粉尘（粒径小于 $40\mu m$），这部分粉尘粒径小，自重轻，空气悬浮性好，可吸入性强（特别是当粒径小于 $10\mu m$ 时），在环境中的迁移性和污染性比大粒径粉尘更强。因此，旋风分离器只能作为初步除尘设备，其排出气体仍需进一步的深度除尘操作。

（2）袋式除尘

袋式除尘技术是历史最悠久、构造最简单、效率最高的除尘技术之一。其原理为，将含尘气流通过纤维质的过滤介质，使粉尘被阻拦而过滤出去。其核心设备是袋式除尘器（图 2-9）。袋式除尘器的过滤效率很高，对粒径为 $0.5\mu m$ 的粉尘颗粒物可实现 99% 的去除，甚至对粒径为 $0.01\mu m$ 的粉尘颗粒物也可以达到理想的去除效果。

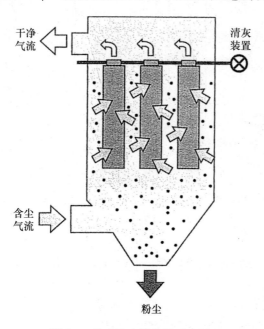

图 2-9　袋式除尘器结构示意图

袋式除尘器通常呈箱型构造，含尘气流从箱体下部进入箱内，粒径大、自重大的粉尘颗粒物在重力的作用下沉降下来，落入灰斗，而细小粉尘颗粒物则在气体通过滤袋时，被滤袋阻留，使气体得到净化，从箱体上部排出。

滤袋通常为纤维制品，可以是纺织型的滤布或非纺织型的毡。一般，新滤袋的除尘效率不高。当滤袋使用一段时间后，由于筛滤、碰撞、静电等效应，滤袋表面积聚了一层粉尘，称为初层。在此后的除尘过程中，初层成了滤袋的主要过滤层。依靠初层的过滤作用，网孔较大的滤袋也能获得较高的过滤效率。

随着粉尘在滤袋表面的积聚，除尘器的效率和阻力都相应增加，当滤袋两侧的压力差足够大时，会把滤袋上附着的部分细小尘粒挤压出去，使除尘效率下降。

另外，除尘器的阻力过大会使通过的风量显著下降，导致处理能力降低。因此，除尘器的阻力达到一定数值后，要及时清灰，将积聚在滤袋表面的粉尘移除。但是，清灰时不应破坏初层，以免除尘效率下降。

清灰操作对袋式除尘器的高效运行非常关键，可以通过多种方式来实现，根据原理不同，可以分为两大类型：弯曲滤袋型和气流反吹型。

弯曲滤袋型是指通过外力使滤袋发生弯曲形变，从而使滤袋表面的积灰层破损坍塌掉落（图 2-10）。使滤袋弯曲的方法有两种。

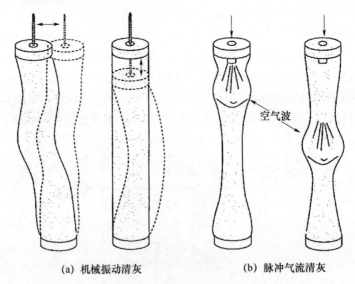

（a）机械振动清灰　　　　　　　（b）脉冲气流清灰

图 2-10　弯曲滤袋型清灰方式示意图

① 机械振动。通过机械装置振打或摇动悬吊滤袋的框架，使滤袋产生垂直或水平的振动而清落灰尘。由于清灰时粉尘要扬起，所以振动清灰常采用分室工作制，即将整个除尘器分隔成若干个袋室，顺次地逐室进行清灰，可保持除尘器的连续运转。进行清灰的袋室，利用阀门自动地将风流切断，不让含尘空气进入。机械振动清灰方式的机械构造简单，运转可靠，但清灰作用较弱，适用于纺织布滤袋。

② 脉冲喷吹。以脉冲的形式，从设置于滤袋顶部中央的喷孔向袋内喷射一小股高压气流，当高速喷射气流通过滤袋顶端时，能诱导几倍于喷射气量的空气，一起吹向滤袋内部，形成空气波，使滤袋由上向下产生急剧的膨胀和冲击振动，产生很强的清落粉尘的作用。脉冲周期可以调整，一般为 1 分钟到几分钟。在喷吹时，被清灰的滤袋不起除尘作用。因喷吹时间很短，且滤袋的喷吹清灰是一排一排依次进行，整体的除尘作业

仍然近似于连续，因此，喷吹清灰可直接在线进行，无需采用分室操作。

气流反吹型是指利用反向气流，将滤袋表面的积灰吹掉。反向气流可以通过设置反吹风机或调节阀门系统逆转滤袋室内压力而产生。这种方式多采用分室工作制，利用阀门自动调节，逐室地产生与过滤气流方向相反的气流。气流反吹型清灰方式的清灰作用最弱，比弯曲滤袋型清灰方式对滤布的损伤作用要小，所以，玻璃纤维滤布多采用这种清灰方式。

在实际生产应用中，可将上述各种不同类型的清灰方式联合使用，以达到最佳效果。

袋式除尘器的除尘效果非常好，喷雾干燥塔尾气经过袋式除尘器后，基本可消除粉尘污染问题。不过，由于喷雾干燥塔尾气中含有大量水蒸气，为防止水蒸气在滤袋表面凝结，与粉尘形成泥团而堵塞滤袋，需将喷雾干燥塔的尾气温度控制在足够高的范围（通常 120℃以上）。

（3）湿法除尘

湿法除尘净化技术的主要设备是湿法除尘器。湿法除尘器是利用水与烟气做相对运动，烟气中的烟尘和有害气体分子在与水接触的过程中发生惯性碰撞、吸附、扩散等作用，使烟气中的烟尘相互结合（包括颗粒与水之间或颗粒与颗粒之间），逐步形成较大的粒子而被水捕集，同时也使烟气中的有害气体溶入水中而被捕集，从而使烟气得到净化。如果在水中加入脱硫剂，则可同步实现除尘和脱硫，也即湿法脱硫。

湿法除尘的机理可归纳为以下三点：

① 利用惯性、布朗运动、表面张力、重力作用使尘粒被液滴、液膜截留、粘附；

② 尘粒因增湿相互凝聚，蒸汽以尘为凝结核凝结，增强尘粒的凝聚性，强化了上述除尘作用；

③ 热泳力、静电力使尘粒在液面上聚集。

烟气与水或洗涤液接触的方式主要有以下四种：

① 用雾化器把含有脱硫剂的洗涤液雾化成细小液滴，喷洒到烟气中，如喷雾室烟气洗涤器；

② 让烟气通过吸收液层，烟气以气泡形式与吸收液接触，即烟气洗涤，利用此原理的装置目前开发应用得较多，如流化床烟气净化器、湍流塔烟气净化器、水浴式烟气净化器等；

③ 利用惯性作用使烟气与水膜接触，如旋风水膜除尘器、文丘里水膜除尘器等；

④ 利用静电力使烟气中的尘粒与液膜接触，如静电水膜除尘器。

湿法除尘系统具有投资小、占地面积小的特点，它既能除尘，又能在一定程度上去除有害气体，达到净化烟气的目的，产生的含尘废水经适当处理后可循环使用。

2）SO_x 的治理技术

工业生产尾气中 SO_2 的治理通常称为烟气脱硫，可使用化学或者物理的方法将烟气中的 SO_2 固定和脱除。烟气脱硫技术种类繁多，按照脱硫的方式和产物的处理形式，可划分为湿法、干法和半干法三大类。

（1）湿法脱硫技术

湿法脱硫过程一般为将烟气通入吸收塔中，并在塔内将含有脱硫剂的液体喷淋雾化，烟气中的 SO_2 与脱硫剂接触反应而转移到液体中，使烟气得到净化。由于烟气在湿法脱硫过程中被液体冷却，温度下降，难以排放，因此，在烟气离开吸收塔后，往往需要利用抽风机增压，或利用加热器加热升温后，再从烟囱排放。另外一种常用的处理方式是在烟气进入吸收塔前，利用换热器将烟气中的热量部分提取出来，再将其用于对吸收塔排出的清洁烟气进行加热升温，可节约热耗，但如此将会增加设备投资和运行维护成本。

根据所用脱硫剂的不同，湿法脱硫技术可分为多种，主要包括石灰石-石膏法、双碱法、海水法、氧化镁法和氨吸收法等。湿法脱硫技术普遍具有脱硫反应速度快、脱硫效率高等优点，但同时也存在投资和运行维护费用高、脱硫后产物处理较难、易造成二次污染、系统复杂、启停不便等问题。当前，在建陶行业中，已有采用石灰石-石膏法和双碱法进行喷雾干燥塔尾气脱硫的实际应用。

①石灰石-石膏法。该法以石灰石为脱硫剂，在吸收塔中，使烟气中的 SO_2 与雾化浆液中的碳酸钙以及鼓入的强制氧化空气发生化学反应，最后生成石膏而脱除，反应式为：

$$CaCO_3 + SO_2 + 0.5O_2 + 2H_2O \longrightarrow CaCO_4 \cdot 2H_2O + CO_2 \qquad (2-1)$$

脱硫石膏可以资源化利用。该法的特点是脱硫效率高（＞95％），脱硫剂利用率高（＞90％），设备运转率高，因此使用广泛。

② 双碱法。双碱法又可称为钠碱法，其操作过程分三段：吸收、再生和固体分离。吸收过程常用的碱是 $NaOH$ 和 Na_2CO_3，反应式为：

$$2NaOH + SO_2 \longrightarrow Na_2SO_3 + H_2O \qquad (2-2)$$

$$Na_2CO_3 + SO_2 \longrightarrow Na_2SO_3 + CO_2 \qquad (2-3)$$

再生过程常用的碱是石灰，用于 $NaOH$ 的再生，反应式为：

$$Ca(OH)_2 + Na_2SO_3 + H_2O \longrightarrow 2NaOH + CaSO_3 \cdot H_2O \text{（主反应）} \qquad (2-4)$$

$$Ca(OH)_2 + Na_2SO_3 + 2H_2O + 0.5O_2 \longrightarrow 2NaOH + CaSO_4 \cdot 2H_2O \text{（副反应）} \qquad (2-5)$$

双碱法的优点在于生成固体的反应不在吸收塔中进行，因此避免了塔的堵塞和磨损问题，提高了运行可靠性和脱硫效率（＞90％），降低了操作费用。

两种脱硫工艺的比较详见表 2-2。

表 2-2　常用湿法脱硫工艺的比较

脱硫工艺	石灰石-石膏法	钠碱法
适用煤种	低中高硫煤，S≤1.0％	低中硫煤，含硫量大，水用量大
技术成熟度	最高	一般
国内技术掌握情况	引进技术、与国外合作、自行开发（多家）	自行开发技术
脱硫效率（％）	＞95	＞95
钙硫摩尔比	1.03	1.1
脱硫剂	石灰石、石灰或消石灰	石灰或消石灰，钠碱
脱硫剂利用率（％）	高	低，石灰的品质对脱硫率影响大
脱硫产物及性状	石膏、干态	亚硫酸钠、湿态

续表

脱硫工艺	石灰石-石膏法	钠碱法
脱硫产物利用	好	会二次污染，循环水盐度增高要换水，才能保证粉尘达标
占地	中（内置，不需要外置水池）	大（需要大循环水池）
初投资占常规机组费用	高	中
国产化率	高	高
用水量（t/h）	大	大
耗电量（kW）	大	小
需运行人员	少	少
每年脱硫量	大	大
系统运行稳定性	稳定	容易结垢

（2）干法脱硫技术

相对于湿法脱硫系统，干法脱硫技术具有设备简单、占地面积小、投资和运行费用较低、操作方便、能耗低、生成物便于处理、无污水处理系统等优点。但是，此类技术的反应速度慢、吸收剂利用率低、脱硫效率低（最高为 $60\%\sim80\%$），磨损、结垢现象比较严重，设备维护难度较大，设备运行的稳定性、可靠性不高，且寿命较短，这些都限制了此种方法的应用。

常用的干法脱硫技术有活性炭吸附法、电子束辐射法、荷电干式吸收剂喷射法、金属氧化物脱硫法等。

典型的干法脱硫系统是将脱硫剂（如石灰石、白云石或消石灰）直接喷入燃料燃烧炉内，在高温下煅烧时，脱硫剂煅烧后形成多孔颗粒，与烟气中的 SO_2 反应而将其脱除。但是，由于喷雾干燥过程中燃料燃烧热风将与浆料直接发生接触，因此，此法在喷雾干燥塔尾气处理中无法使用，否则固态的脱硫剂及脱硫产物将会混入粉料中引起原料污染。

已在建陶行业得到应用的干法脱硫技术是荷电干式吸收剂喷射法（简称为 CDSI）。CDSI 系统通过在喷雾干燥塔尾气出口管道中喷入干的吸收剂粉末［如 $Ca(OH)_2$］，使尾气中的 SO_2 与吸收剂发生反应，生成固体颗粒物质，再被后续的除尘设备除去，以达到脱硫的目的。CDSI 干法与普通干法不同，其吸收剂在喷入烟道前，先流过高压静电电晕区，被赋予静电荷。吸收剂颗粒由于带有同相电荷，相互排斥，很快在烟气中扩散，呈均匀的悬浮状态，增大了与 SO_2 接触反应的机会，提高了脱硫效率。该法投资少，占地面积小，工艺简单，适用于喷雾干燥塔尾气脱硫。

值得注意的是，喷雾干燥塔尾气中含有大量的细小粉料，一方面，为了回收这部分粉料，节约原料成本，避免被吸收剂污染，另一方面，为了防止这些细粉对吸收剂颗粒的分散造成阻碍，故可采取将尾气先通过旋风除尘器去除回收细小粉料后，再使用 CD-SI 脱硫系统。

（3）半干法脱硫技术

半干法脱硫技术兼有湿法与干法脱硫技术的特点，是指脱硫剂在干燥状态下脱硫，在湿状态下再生，或者在湿状态下脱硫，在干状态下处理脱硫产物的烟气脱硫技术。尤其是在湿状态下脱硫，在干状态下处理脱硫产物的半干法脱硫技术，既具有湿法脱硫反应速度快、脱硫效率高的优点，又具有干法无污水和废酸排出、脱硫后产物易于处理的优点，备受人们关注。但是，出于干燥操作的需要，半干法脱硫技术主要适用于高温尾气（如电厂锅炉尾气）的处理，不适用于喷雾干燥塔尾气的处理。

3）NO_x 的治理技术

燃料燃烧烟气中 90% 的 NO_x 为 NO，其水溶性和化学反应活性很差，难以治理。因此，烟气脱硝的难度大、技术要求高、投资及运行成本较高，目前在建陶行业中已经开始应用。随着环保要求的日益提高以及烟气脱硝技术的不断进步，对喷雾干燥塔尾气进行脱硝处理也将成为必然和现实。

按照脱硝原理的不同，可将烟气脱硝技术大致分为三类：还原法、氧化法和吸附法。

（1）还原法

还原法主要包括选择性催化还原法（SCR）和选择性非催化还原法（SNCR）（SCR 为 300～400℃，需催化剂；SNCR 为 800～1000℃，不需催化剂），是指在一定高温或催化剂环境中，利用大量还原剂（如 NH_3、H_2S、CO、烃类、尿素等）与烟气中的 NO_x 反应生成无害的 N_2，从而实现脱硝的目的。当前，SCR 已在国内外电厂中得到较为广泛的应用。

还原法设备投资大，存在催化剂中毒、失效等问题，且催化剂的再生及更换需求、高温反应的能耗需求均导致运行成本很高，并存在还原剂的输送、泄漏等风险。

国内已有陶瓷企业采取 SNCR 治理 NO_x 排放问题。其原理具体如下：氨水或尿素溶液在合适温度区域，与 NO_x 进行选择性非催化还原反应，将 NO_x 转化成无污染的 N_2。当反应区温度过低时，反应效率会降低；当反应区温度过高时，氨会直接被氧化成 N_2 和 NO。喷氨后炉内发生的化学反应有：

$$4NO + 4NH_3 + O_2 \longrightarrow 4N_2 + 6H_2O \qquad (2\text{-}6)$$

$$6NO + 4NH_3 \longrightarrow 5N_2 + 6H_2O \qquad (2\text{-}7)$$

$$6NO_2 + 8NH_3 \longrightarrow 7N_2 + 12H_2O \qquad (2\text{-}8)$$

$$2NO_2 + 4NH_3 + O_2 \longrightarrow 3N_2 + 6H_2O \qquad (2\text{-}9)$$

（2）氧化法

氧化法是指利用强氧化剂，将 NO 氧化成为 NO_2 后，再利用碱液（如 Na_2S、NaOH 等）进行吸收。

根据氧化剂状态的不同，又可将氧化法分为液相氧化法和气相氧化法。液相氧化法采用 HClO、$NaClO_2$、$KMnO_4$、H_2O_2 等作为氧化剂，其生产成本高，使用较危险，且易于腐蚀设备；气相氧化法（如电子束照射法、脉冲电晕等离子体技术等）利用高压放电电离烟气，从而产生各种强氧化自由基，如 O、OH、O_3、HO_2 等，其运行电耗成本较高。陶瓷行业目前没有采用此技术进行脱硝处理。

（3）吸附法

吸附法是指利用固体或液体吸附剂将烟气中的 NO_x 吸附从而脱除，属于比较传统的方法。富集了 NO_x 的吸附剂经过解吸后，再循环利用。

固体吸附剂（如大比表面积的固体等）的吸附量小，使用时消耗量过大，设备体积庞大；液体吸附剂（如金属螯合物等）的循环利用困难，且反应中易损失，利用率低，运行费用高。陶瓷行业目前也没有采用此技术进行脱硝处理。

4）喷雾干燥塔尾气综合治理方案

喷雾干燥塔尾气属于重污染尾气，需进行除尘、脱硫和脱硝的处理。当前，除尘和脱硫已得到较广泛的实施，脱硝也开始在陶瓷行业得到实际应用。但是以下介绍四种目前及未来发展的除尘、脱硫（脱硝）综合治理方案。

（1）旋风除尘器＋湿法脱硫吸收塔

尾气中的细小粉料在旋风除尘器中被分离回收，剩余的细微粉尘与 SO_2 在湿法脱硫吸收塔中被喷淋吸收液同步吸收去除，同时，部分 NO_x（如 NO_2）也随 SO_2 同步去除。

该组合属于传统的组合方案，除尘脱硫效果好，但存在大部分 NO_x 没有处理排放出去的问题，对环境造成了极大的污染，属于未来需要改进或淘汰的方案。同时湿法脱硫吸收塔的运行成本较高（如低温尾气的排出需使用抽风机或加热器），还存在吸收废液处理问题。同时，从目前的实际工程应用状况来看，几乎所有此类装置都不同程度地存在一些问题，其中，经过脱硫除尘之后的烟气带水和由此而引起的风机带水、积灰、磨损及尾部烟道腐蚀是困扰设备运行的最大问题。

（2）旋风除尘器＋CDSI＋布袋除尘器

尾气中的细小粉料在旋风除尘器中被分离回收，剩余的细微粉尘在布袋除尘器中被布袋拦截去除；SO_2 和少量的 NO_x（如 NO_2）在排气管道以及布袋除尘器内部，与 CDSI 系统产生的高分散带电碱性吸收剂粉体相互反应，生成颗粒物质，在布袋除尘器中被布袋拦截去除。

该组合的技术水平高，运行可靠性强，除尘、脱硫效果好（除尘效果优于上述湿法组合），且无废水处理问题。与方案（1）一样，也存在大部分 NO_x 没有处理排放出去的问题，也是属于未来需要改进或淘汰的方案。

（3）SNCR 脱硝＋布袋除尘器除尘＋湿法脱硫塔＋湿式电除尘

此综合治理方案为在水煤浆炉的炉顶，将氨水（质量浓度 20％～25％）或尿素溶液（质量浓度 30％～50％）通过雾化喷射系统直接喷入炉内合适温度区域，雾化后的氨与 NO_x（NO、NO_2 等混合物）进行选择性非催化还原反应，将 NO_x 转化成无污染的 N_2。为了提高脱 NO_x 的效率并实现 NH_3 的逃逸最小化，需满足以下条件：在氨水喷入的位置没有火焰；在反应区域维持合适的温度范围；在反应区域有足够的停留时间。

脱硝后再经过布袋除尘器除尘，可以提高后续脱硫处理效率，有利于废品的再生利用；以及可以延长后续设备寿命，减少设备和管道维修成本。烟气从下部进入湿法脱硫的吸收塔与喷淋层喷射向下的石灰石浆液滴发生反应，不仅可以洗涤 SO_2、SO_3，同时其他的酸性有害气体，如 HF、HCl 等也可以反应除去。从湿法脱硫塔中出来的烟气，再经过湿式电除尘进一步去除粉尘颗粒，可以实现超低排放（<10 mg/Nm³）。

此方案综合治理污染效果好，达到了西方发达国家的排放标准，但设备投入较大、投资大以及占地面积较大。

（4）高温干法脱硫＋除尘脱硝一体化装置

此方法将除尘与脱硝一体化设计，整套装置集约化设计，可以极大地减少占地面积，减少管路及设备投入，同时降低运行成本，提高可靠性，是先进的综合污染治理方案，目前国内正在转化生产。一体化综合处理是未来污染治理的发展方向之一。

2.5 原辅料处理过程中的其他节能减排技术

2.5.1 陶瓷原料制备过程中的节能措施

陶瓷厂应选择标准化、系列化生产的原料进厂，以保证产品质量的稳定性和减少粉尘、噪声污染。现在陶瓷厂绝大部分采用间歇式球磨机做细磨设备，其内衬用燧石衬。如果球磨机大量采用橡胶衬，既可以减少球磨机的负荷，又增加了球磨机的有效容积。产量可提高 20%左右，单位产品电耗可降低 20%左右。如果采用氧化铝衬，则可提高球磨效率，根据不同的工艺配方向泥浆中加入高效减水剂、助磨剂，并制定合理的料、球、水比例，在球的选择上应有合理的大、中、小不同性质的球蛋级配。在球磨时，采用氧化铝球蛋，既可缩短球磨时间，又可节电 20%左右。

喷雾干燥制粉时，降低泥浆的含水量，适当提高热风的温度，加大进塔泥浆量，提高泥浆雾化速度，降低废气温度，产量可提高近 1 倍，能耗下降 30%左右。使用大型喷雾干燥塔，单位电耗省，如用 7000 型可比 3200 型节电 10%左右。浆池电机上安装时间控制器，搅拌 20～30min，停 30～40min，泥浆不会沉淀，可节电 50%以上。

有资料显示，原料制备部分的能耗在整个陶瓷生产过程中占很大的比例，其中燃料耗量占 49%，装机容量占 72%，因此也是节能潜力较大的部分之一。对于原料的制备，首先要取消噪声大、能耗高、难以除尘的粗中碎系统，如粗颚式破碎机、细颚式破碎机、旋磨机等，改用质量稳定且能够及时供应的原料粉料进厂。其次，采用连续式、大吨位球磨机进行细磨，产量可提高 10 倍以上，电耗为原来的 20%。以全国年产 $1.6 \times 10^9 m^2$（16 亿平方米）墙地砖、日用陶瓷 1×10^{10} 件、卫生陶瓷 5.5×10^7 件，如全部采用连续式球磨机计算，每年可节电 $2.5 \times 10^8 kW \cdot h$。另外，球磨机的内衬采用橡胶衬，既可以减小球磨机的负荷，又增加了球磨机的有效率，产量可以提高 40%，单位产品电耗降低 20%以上。为了提高球磨机的效率，还可以根据工艺配方不同向泥浆中加入适量的减水剂、助磨剂等以及制定合理的料、球、水的比例。球磨时，采用氧化铝球，既可缩短球磨时间，又可节电 35%左右。

陶瓷原料的发展趋势是陶瓷原料的标准化，其既可充分利用资源，节省能源，又具有以下优点：①供给稳定的符合要求的粉料，保证了生产的稳定性和高质量及合理利用资源；②原料集中处理，提高设备利用率，减少新厂对原料车间的投资；③减少工厂原料的储备，节约场地的投资及减少城市粉尘、噪声污染。

陶瓷原料加工部分的能耗在整个生产过程中占很大的比例，其中燃料耗用占 40%左右，装机容量占 60%左右，节能潜力较大。

2.5.2 墙地砖的升级换代产品——超薄砖

目前我国陶瓷墙地砖的厚度在 8～16mm，能源和原材料消耗较大。大规格超薄砖规格为 1000mm×3000mm，厚度只有 3~5mm，其质量只有现行墙地砖的 1/4。生产超薄砖使用的原料可以减少 60％以上，能源节约至少 40％，这样既保护资源，又节约生产成本。按 2004 年广东建筑陶瓷砖产量为 $1.8×10^9\,m^2$ 来计算，厚度一般为 10mm 左右，需要原材料 $4.68×10^7\,t$、电耗 $9.0×10^9\,kW·h$、煤 $1.44×10^7\,t$。如果采用超薄砖，则需要原材料下降为 $1.87×10^7\,t$、电耗 $5.4×10^9\,kW·h$、煤 $8.6×10^6\,t$。因此，可以大大节约能耗。最近行业内研制成功的 1000mm×2000mm×（3~6）mm 超薄转，如果在工艺技术上加以改进提高，并能投入大规模生产的话，将会大幅度降低陶瓷原材料和能源消耗。

陶瓷薄板是一个伟大的陶瓷科技创新，陶瓷薄板的应用是对传统的建筑陶瓷和传统的饰面材料进行的革命性替代，并且能够体现出对传统的建筑陶瓷和传统的饰面材料的优势优点：防火，防潮，防霉，环保耐用，节约成本，节约资源，降低劳动强度，改善劳动环境。能广泛应用于各种内外墙空间装饰，车站、机场、地铁等各种场合装饰。采用最流行的时尚经典设计元素，不断满足设计师以及建筑美学的要求，为建筑提供"新的皮肤"。

2.5.3　干法制粉技术

相对于湿法制粉技术，干法制粉技术采取了完全不同的原料研磨和粉料造粒的工艺方案，在水资源消耗节约和能耗节约上具有非常明显的优势。

干法造粒技术早在二十世纪八九十年代已经进行了大量的研究工作，但到目前为止，在干法造粒工艺上，国内尚未有一家企业有成功应用的案例，也就是说，目前的墙地砖干法造粒未曾有成熟的、可靠的技术。石湾最早也是使用简单的传统的干法造粒工艺，但不成熟，很快就被淘汰了。

不过从长远角度来看，墙地砖干法造粒技术在节能减排方面具有巨大的潜力，若这项技术得以普及和推广，将免去陶瓷厂原料车间球磨机球磨和喷雾干燥塔制粉等工序，能显著降低能耗，并减少粉尘污染。但目前干法造粒技术一直未能在国内行业中得到推广应用。

目前的喷雾干燥技术面临的两大问题是高能耗、粉尘污染。随着这几年陶瓷行业的转型升级，政府将"能耗""污染"纳入绩效考核范围，喷雾干燥技术面临着高能耗、粉尘污染这两大"钉子户"。

然而目前，干法造粒技术工艺性能没有喷雾干燥的好，喷雾干燥技术比较成熟。通过干法造粒技术制备的原料压砖比较粗糙，不符合国内主流产品——抛光砖对原料的要求，主要应用于釉面砖或其他对原料要求较低的砖。这个问题解决难度较大，需通过产品设计解决该问题。

干法造粒有着很好的发展前景，但技术难度也非常大，光靠某个陶瓷企业进行技术改造很难突破目前的技术难题，必需依靠政府部门、更多的行业科研机构和设备制造商的共同参与。

2.5.3.1　水耗和能耗分析

1）水资源消耗分析

在整个干法制粉过程中，水资源的消耗主要发生在增湿造粒步骤，以水作为胶粘剂，将细磨而成的原料粉体真颗粒粘结成为流动性更好、堆积密度更大的颗粒粉料。通常，从细磨步骤获得的原料粉体含有不超过 2％～3％ 的水分，为了获得良好的造粒效果，需额外投入一定量水资源，将粉体增湿到含水率为 12％～14％。

在增湿造粒步骤投入的水资源，经过后续的干燥步骤后，转化成了多种形式（图 2-11）。

图 2-11　干法制粉技术的水资源消耗及其转化形式
（注：图中比例数值为当前工艺水平下的典型数据）

（1）以液态水的形式，作为产品的组成部分，存在于粉料成品中。这部分水资源的消耗属于本质性消耗，所占比重较小，其消耗量决定于后续生坯压制成型工序对粉料含水率的要求（当前为 5％～7％）。

（2）以水蒸气的形式，从过湿颗粒中蒸发并转移到干燥机尾气中，排入大气。

这部分水资源的消耗属于额外性消耗，所占比重较大，由增湿造粒步骤的水分需求所决定，基本没有太多节约空间。

在当前工艺技术水平下，通常，每生产 1t（以固体质量计）粉料成品，采用干法制粉技术的水资源消耗总量约为 0.15t。

此外，工厂车间内部的设备、设施和地板等的冲洗用水，也属于水资源消耗的一部分，但这部分水通过厂内的污水处理系统进行简单处理后可循环使用。

2）热能消耗分析

干法制粉技术的热能消耗比较分散，可分为两大类：原料干燥和过湿粉料颗粒干燥。其中，原料干燥又可分为原料破碎前干燥和原料细磨中干燥。

进厂原料往往含有一定量的水分，特别是黏土类原料的含水率较高（可达 20％～30％），为保证原料干法破碎、细磨的正常生产，需将原料进行干燥。通常，破碎设备的入磨水分要求约为 10％ 以内（对粘结性物料而言，如黏土等）或 15％ 以内（对非粘结性物料而言，如长石、石英砂等）；而细磨设备由于配备了辅助加热干燥设施，入磨水分要求约为 10％ 以内。因此，在原料破碎前，需消耗热能将原料干燥至约 10％ 以内。当然，若采取自然干燥方式，利用太阳热能，则可以节省这一部分热能消耗；而在原料细磨过程中，需向细磨设备中投入热能，在研磨的同时对原料进行干燥，最终产出的原料粉体含水率在 3％ 以下。

增湿造粒步骤得到的颗粒含水率为 12％～14％，高于生坯压制成型的要求 5％～7％，因此，需投入热能进行干燥。

原料干燥和过湿颗粒干燥过程中投入的热能都转化成了多种形式（图 2-12）。

（1）做有用功，使物料中的水分蒸发，成为水蒸气进入尾气。这部分热能的消耗属于干燥过程的本质性消耗，所占比重较大。对于原料干燥，其消耗量由原料含水率决定，波动较大；对于过湿颗粒干燥，由于颗粒干燥前后的含水率属于较恒定的工艺参数，因此其消耗量较恒定。

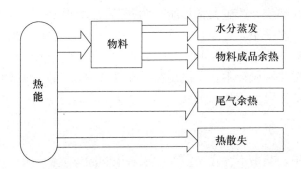

图 2-12　干法制粉过程干燥步骤的热能消耗及其转化形式

（2）以热能的形式，存在于物料中。这部分热能的消耗属于额外性消耗，所占比重较小，最终也将从物料散失到环境中。不过，原料破碎前干燥步骤的物料余热有助于在后续的细磨干燥步骤蒸发水分，节约细磨干燥能耗。

（3）以热能的形式，存在于尾气中。这部分热能的消耗属于额外性消耗，所占比重较大，其比重大小主要由干燥过程的效率决定，干燥效率越高，则尾气余热所占比重越小，总体热能消耗也越低。通常，对于原料破碎前干燥，由于物料成块状，比表面积小，因此干燥效率较低；对于原料细磨中干燥，由于原料呈细微粉体，比表面积大，且时刻处于搅拌状态，与热风接触充分，因此干燥效率很高；对于过湿颗粒干燥，由于颗粒自身比表面积较大，且时刻在热风中处于流化振动状态，因此干燥效率也较高。

（4）以热能的形式，散失到干燥设备的周边环境中。这部分热能的消耗属于额外性消耗，所占比重较小，主要为热风中的热量通过风管、干燥机部件及器壁等传递到周边环境中。

在当前工艺技术水平下，通常，每生产 1t（以固体质量计）粉料成品，采用干法制粉技术的热能消耗总量约为 145kW・h。

3）电能消耗分析

电能的消耗在干法制粉过程中非常广泛，主要是用于驱动各类机械设备，服务于生产。在整个干法制粉过程中，最主要的电能消耗发生在干法细磨步骤。

在干法细磨步骤，电能被输入至细磨设备的电机中使其转动，从而带动研磨介质高速转动，通过挤压、摩擦作用，将原料粉碎。投入到细磨设备的电能转化成了如下多种形式。

（1）做有用功，将原料粉碎，使原料真颗粒尺寸减小。这部分电能的消耗属于研磨过程的本质性消耗，但所占比重不大，更多的电能因摩擦而转化成了热能。

（2）以热能的形式，存在于原料、研磨介质中，使其温度升高。这部分电能在干法细磨过程中的电能消耗和转化形式消耗属于研磨过程的额外性消耗，所占比重较大。在研磨过程中，研磨介质高速旋转，与原料之间存在着高强度的挤压、摩擦，在将原料粉碎的同时，因摩擦作用产生大量热能，转移到原料和研磨介质中。转移到原料中的热能使原料升温，有助于原料的干燥。转移到研磨介质中的热能，不断地被鼓风气流带走，或转移到其他相连的机械部件，最终散失到周边环境中。

（3）以热能的形式，存在于机械部件中，并散失到周边环境中。这部分电能的消耗也属于额外性消耗，且所占比重很大。在研磨过程中，摩擦作用广泛地存在于电机、机械传动装置、轴承等部位，产生大量热能，散失至周边环境中。

在当前工艺技术水平下，通常，每生产 1t（以固体质量计）粉料成品，采用干法制粉技术的电能消耗总量约为 40kW·h。

可见，相对于湿法制粉技术，干法制粉技术可节约大量水资源和热能消耗，并节约少量电能消耗，更加符合节能环保的要求。

2.5.3.2 产生污染分析

干法制粉过程中，基本不存在实质性的水污染和固体废物污染，这一点与湿法制粉过程相同。但不同的是，湿法制粉过程存在严重的喷雾干燥塔尾气污染，而干法制粉过程并不产生实质性的大气污染。

当然，干法制粉过程的一些步骤也存在着一定量的含污染质尾气排放，如原料干燥、干法细磨、过湿颗粒干燥。这些步骤通常利用鼓风机产生的自然空气流，携带燃料燃烧产生的热量进行物料加热干燥，因此，其排放的尾气中不可避免地含有燃料燃烧生成的污染物质（如 NO_x、SO_x 等）。不过，这些干燥步骤均属于慢速干燥过程，对热风的温度要求很低，通常 150~250℃ 即可。相对而言，湿法制粉技术的喷雾干燥过程为快速干燥过程，需要 450~600℃ 的高温热风。这意味着，燃烧同等质量的燃料产生的热量，在干法制粉过程中将被更多倍的空气稀释，也即气流中的污染物质浓度也被稀释得更低。事实上，干法制粉过程中的各个干燥步骤尾气中的污染物质含量往往远低于排放标准，经旋风除尘器脱尘后，可以直接排放。

此外，在原料及粉体的存储、转移过程中，均会不同程度地产生操作性粉尘飞扬，需采取必要的防控措施，从源头控制污染的发生和传播。

可见，湿法制粉过程中存在严重的大气污染排放，需采取必要的末端治理措施，才能满足环保需要；然而，在干法制粉过程中并没有实质性的污染排放，从源头上避免了污染的发生，更加符合节能环保的要求。

第3章 成型过程中的节能减排综合治理

3.1 能耗分析

日用瓷、卫生瓷采用注浆成型为主，能源消耗很少，部分日用瓷采用可塑法成型，需要消耗少量电能。因此，本章主要分析建筑瓷成型过程中的节能减排综合治理。

建筑瓷的生坯压制成型工序主要基于压砖机的机组设备系统，占地空间非常紧凑，其生产过程中不存在水资源和热能资源的消耗，但存在着大量的电能消耗。

当前，建筑陶瓷行业使用的压砖机均属于全自动液压压砖机。电能输送至压砖机，除极少部分用于驱动粉料供给系统，将粉料填入压砖机模腔外，绝大部分用于驱动压砖机主机的液压加压系统，控制上下模的横梁按照程序发生位移，将模腔内的粉料进行压制成型为生坯并脱出。投入到压砖机主机的电能被转化成了多种不同的形式（图3-1）。

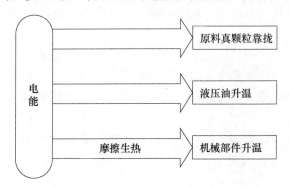

图 3-1 液压压砖机的电能消耗及转化形式

（1）做有用功，用于克服原料真颗粒间的内摩擦力以及部分原料的变形阻力，使原料真颗粒充分靠拢，将其间隙中的空气排出，从而形成致密的生坯。这部分电能的消耗属于压制成型过程的本质性消耗，但所占比重不大。

（2）以热能的形式，存在于加压介质液压油中，使其温度升高。这部分电能的消耗属于压制成型过程的额外性消耗，所占比重很大。在压制过程中，高压泵首先给液压油施压，并通过液压油将压力传递给上下模，控制其升降，进行粉料的压制和生坯的脱出。由于压砖机保持连续性运转，因此，液压油时刻处于高压环境中，并随着上下模的移动在油缸内不断迁移运动，生成大量热量，使其温度升高。温度升高将改变液压油的各项性能指标（如黏度、润滑性等），影响到液压系统的稳定运行，进而影响到压制成型的正常生产。因此，生产中需利用冷却系统（如循环冷却水）与液压油发生间接热交换，对液压油温度进行实时调控。这部分液压油中的热量最终通过冷却系统转移到周边环境中。

（3）以热能的形式，存在于机械部件中，并散失到周边环境中。这部分电能的消耗也属于额外性消耗。摩擦作用不可避免地发生于机械设备的运转过程中，摩擦产生的热量则逐步散失到周边环境中。

在当前工艺技术水平下，通常，每压制 1t（以固体质量计算）粉料成品，压制成型工序的电能消耗总量为 15～40kW•h。

3.2　节能降耗综合治理

节约压制成型工序的能量消耗综合治理主要可从以下两个方面实现：一方面，降低单位面积产品的压制能耗，提高压砖机的能量利用效率；另一方面，提高压制成型生坯品质，提高建筑陶瓷生产过程的整体能量利用效率。具体介绍如下。

3.2.1　降低单位面积压制能耗

由 3.1 节可知，投入压砖机的电能只有少部分用于做有用功，用于克服颗粒间的内摩擦力而压紧生坯，而更多部分则转化成为了液压油及机械部件的摩擦生热而损失。因此，若能降低热能损失所占比重，从而提高有用功所占比重，将有效提高压砖机的电能利用效率，节约电能消耗。

生产中，通过使用大吨位、宽间距的大型压砖机，可实现这一目的。其原理为，对于相同产品的生产，单位面积生坯的压制成型所需压力恒定，压砖机总吨位越大、间距越宽，则可设置更多数量的模具，在一次压制操作过程中同时成型更多块产品。此时，虽然由于压砖机总吨位的增大，增加了液压油及机械部件摩擦生热的总量，但是其增幅远小于有用功所占比重的增幅，从而提高了压砖机的能量利用效率，节约生产成本。

3.2.2　提高生坯品质

压制成型工序是建筑陶瓷整个生产流程中的关键环节。在压制成型过程中产生的生坯产品缺陷（如密度分布不均、裂纹等），不仅会在后续的操作过程中（如转运、施釉等）导致生坯开裂、破碎而引起生坯损失，而且将在烧成过程中转移到最终熟坯成品中（如变形、开裂、黑心等），形成烧成废品。因此，压制成型所得生坯的品质，在很大程度上决定了整个生产过程的成品率，从而影响到生产过程的整体能量利用效率。提高生坯品质，将有效提高压制成型工序以及建筑陶瓷生产整体过程的能量利用效率。

根据压制成型的生产工艺原理、过程及重要工艺参数，生产中可通过优化各项操作步骤及工艺参数，保障压制成型的正常稳定生产，提高生坯品质。此外，还可从以下两个方面，提高生坯品质。

1）使用添加剂

通过向粉料中混入各种添加剂，可改善粉料的填充模具和压制成型行为，增加生坯强度，减少密度分布不均现象。根据所起作用的不同，添加剂可分为以下三种。

（1）润滑剂，用于减小粉料颗粒（以及原料真颗粒）之间及其与膜腔内壁之间的摩擦力。一方面，降低粉料颗粒之间的摩擦力可增强粉料流动性，有利于快速、均匀地填充模具；另一方面，减轻粉料颗粒（以及原料真颗粒）之间及其与模腔内壁的摩擦力，有利于降低压制压力需求，节约能耗。同时，粉料与模腔内壁摩擦力的减小，不仅有利于减少坯体内部压制压力分布差异，提高生坯密度分布均匀性，而且有利于减轻脱模操作对生坯的破坏性。

（2）胶粘剂，用于增强原料真颗粒之间的粘结作用，从而增加成型所得生坯强度。

（3）表面活性剂，促进粉料颗粒的吸附、润湿或变形性等。例如，部分表面活性剂可渗透到粉料颗粒内部的原料真颗粒之间，产生巨大的劈裂应力，降低粉料颗粒强度，促进压制过程中颗粒的破碎和靠拢，提高生坯密度和强度。

表 3-1 列出了一些工业中经常使用的添加剂。值得注意的是，生产中使用的添加剂，最好在烧成过程的前期阶段中能烧掉，不至于影响产品品质；添加剂应避免与粉料发生化学反应，影响其性能；添加剂的分散性应较好，少量使用而获得良好的效果，不过多增加生产成本。

表 3-1　工业中使用的润滑剂、胶粘剂和表面活性剂举例

添加剂	有机物		无机物
润滑剂	固体石蜡 硬脂酸（十八酸） 硬脂酸-钠（或硬脂酸-锂、硬脂酸-镁、硬脂酸-铝、硬脂酸-锌） 硬脂酸丁酯 油酸（十八烯酸） 聚合醇		滑石 石墨 氮化硼
胶粘剂	微晶纤维素 天然橡胶（如黄原胶、阿拉伯胶） 纤维素醚（如甲基纤维素、羟乙基纤维素、羧甲基纤维素钠） 多聚糖（如精制淀粉、糊精） 木质素提取物（如亚硫酸纸浆废液） 精制藻酸盐（如藻酸钠、藻酸胺） 聚合醇（如聚乙烯醇、聚乙烯醇缩丁醛） 丙烯酸类树脂（如聚甲基丙烯酸甲酯） 乙二醇类（如聚乙二醇） 蜡类（如石蜡固体、蜡乳液、微晶石蜡）		黏土矿物 有机硅酸盐（如硅酸乙酯） 可溶硅酸盐（如硅酸钠） 可溶铝酸盐（如铝酸钠） 可溶磷酸盐（如碱性磷酸盐）
表面活性剂	非电解质	壬基酚聚氧乙烯醚 十三烷醇聚氧乙烯醚	
	阴离子型	硬脂酸-钠 二异丙基萘磺酸钠	
	阳离子型	十二烷基三甲基氯化铵	

2）使用新型模具

生坯密度分布不均将引起烧成过程中坯体内部各个区域间存在收缩差异，易产生内应力，导致产品发生变形，尺寸不能达标，或引发裂纹而使产品破损。因此，如何促使生坯密度均匀化是提高生坯品质需要考虑的核心问题之一。

生坯密度分布不均的缺陷，除在一定程度上受加压方式（本质上为粉料与模腔内壁之间的摩擦力）影响外，更主要的还是由粉料对模具的不均匀填充而引起。通过优化模具填充操作方式和各项生产工艺参数，均有助于提高粉料填充密度分布均匀度。但是，由于影响因素繁多，实际生产中难以实现粉料填充得绝对均匀。

对于常规的硬质模具，在压制过程中，上模表面与下模表面始终保持平行，也即磨腔内的各个区域高度始终保持一致。因此，各个区域内粉料初始堆积密度越大（即固体物质越多），则对模具的抵抗作用也越强，相应所承受的压力也越大。因此，磨腔各个区域的粉料所承受的压制压力将随粉料初始堆积密度分布不均而呈现差异，最终导致压制所得生坯的密度分布不均。

为此，可通过采用具有等静压效果的模具，来弥补粉料填充不均匀的缺陷，以提高压制所得生坯的密度分布均匀度。

具有等静压效果的模具的典型构造及其工作原理示意图如图3-2所示。模具与粉料接触的表面为塑性膜，材质为橡胶、树脂等。塑模被均匀划分成为许多方格区域，每个方格内部都设置有装满液体（通常为油）的液腔，且彼此之间通过管道相连，因此，液体可在压力作用下在各个液腔之间自由流通。若采用等静压模具压制填充密度不均匀的粉料（图中以密度相同而填充度不同来表示），开始时，填充密度较大的粉料区域将相应承受较大的压制压力，也即该区域的塑模及其液腔内部液体将承受相对较大的压力，因此，不同密度的粉料区域所对应的液腔内部液体压力不同，且与当地粉料初始堆积密

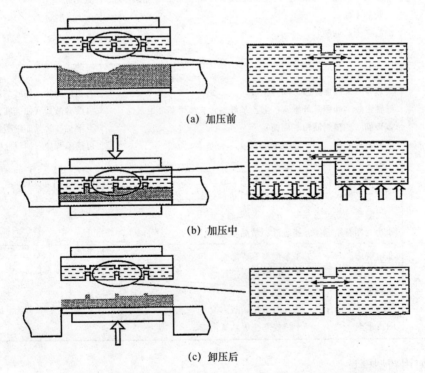

(a) 加压前

(b) 加压中

(c) 卸压后

图3-2 具有等静压效果的模具的典型构造及其工作原理示意图

度成正比。在压力差的作用下，压力较大区域的液体将向压力较小区域迁移，各区域塑模的曲张程度也相应调整，最终使得各个区域的压制压力相等，从而获得厚度不均但密度均匀的生坯。同理，若将多个等静压模具的液体串联连接，可进一步促进不同生坯之间的密度均匀性。

值得注意的是，由于液体在各个液腔内的充分迁移需要一定的时间，而实际的快速压制成型生产无法给予足够的时间，因此，各个区域的压制压力及坯体密度并非绝对相等，但是，与常规模具相比，等静压模具已可有效减小压制压力及坯体密度的分布不均。同时，由于液体总量以及塑模的曲张程度有限，因此，等静压模具的压力校准能力也有限，生产中不能依靠等静压模具解决所有的粉料填充不均缺陷，而应首先通过优化模具填充操作方式和各项生产工艺参数，提高粉料填充均匀度。

第4章 干燥过程中的节能减排综合治理

4.1 能耗分析及节能降耗综合治理

生坯干燥工序不存在水资源的消耗，不过在原料加工工序消耗并转入成型后的坯体中的水分，在本工序最终散失，并随干燥设备尾气排放到周边环境中。

生坯干燥工序存在大量的电能和热能消耗，且集中发生在干燥设备的运转中。

4.1.1 电能消耗分析

如图 4-1 所示，干燥设备消耗的电能转化成了多种形式，主要用于驱动机械设备进行物料输送（如鼓动空气介质、传送坯体等）。但是，对于利用电能进行加热的干燥设备（如辐射干燥和微波干燥），更多的电能消耗则用于驱动辐射器或微波发生器产生特定的电磁波（如红外线、微波等），进行物料加热。因此，对于不同类型的干燥设备，电能的各种消耗途径及其所占比重相差很大，具体有四方面。

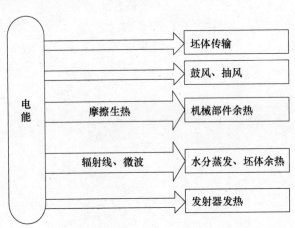

图 4-1 干燥设备的电能消耗及转化形式

（1）做有用功，驱动空气介质流动、传送坯体。这部分电能消耗属于本质性消耗。任何类型的干燥设备都需具备的功能是，使空气介质流动，用于将坯体表面上空的水分带走，扩大水分梯度，促进坯体水分的蒸发。而且，对于采用对流干燥的设备，高温空气介质同时也是热量载体，一方面，空气的充分流动可以使干燥室内各个部分的干燥强度和速度保持均匀，另一方面，空气的快速流动可减少坯体表面边界层空气膜的厚度，从而减少传热阻力，提高传热速率，加速坯体干燥。干燥设备使用各种类型的风扇，通过鼓风和抽风，促使空气介质流动。特别是在建筑陶瓷生产行业应用最为广泛的辊道式干燥器和立式干燥器中，通常利用强力风扇将高温空气介质吹入坯体表面，以获得较高的传热效率。总之，用于驱动风扇转动的电能消耗，在干燥设备的总体电能消耗中占有重要比重。

此外，对于连续性干燥设备（如辊道式干燥器和立式干燥器），部分电能用于驱动机械装置转动（如辊棒、支架等），传送坯体。

（2）以热能的形式，在机械装置运转时的摩擦作用中不可避免地产生，存在于机械部件中，并最终散失到周边环境。这部分电能的消耗属于额外性消耗。

（3）对于用电能发热的干燥设备（如辐射干燥器和微波干燥器），更多的电能被输入射线发生器中转变成为红外线或微波，再作用于坯体之上，转化成热量。这些热量中的大部分用于加热水分，使其蒸发，另外少部分被坯体的固体成分吸收，坯体温度升高，使其满足后续生产操作的要求。这部分电能消耗属于本质性消耗。

（4）以热能的形式，存在于红外线发射器中，并转移到周边空气，属于额外性消耗。红外线发生器在工作时处于高温状态，因此，其自身的热量也会传导至周边空气介质中，加热空气介质，并部分传导给坯体，不过，该部分热量总量较小，对干燥贡献不大。

通常，对于对流干燥设备（主要指辊道式干燥器和立式干燥器），每生产 1t（以固体质量计算）建筑陶瓷生坯，其电能消耗为 $3\sim11\mathrm{kW}\cdot\mathrm{h}$。

4.1.2　热能消耗分析

辐射干燥设备和微波干燥设备无需消耗热能，但是，对流干燥设备则完全依靠燃料燃烧产生的热能进行物料干燥。燃料在燃烧器中燃烧产生的热能被空气介质带入对流干燥设备后，转化成了多种形式（图 4-2），具体有以下三种。

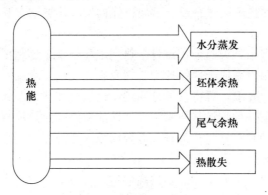

图 4-2　干燥设备的热量消耗及转化形式

（1）做有用功，热量从空气介质中传导至坯体，加热并蒸发水分，使坯体得到干燥。同时，坯体固体部分也吸收热量，温度升高，且在离开干燥器之前，通过鼓风冷却至合适温度，以满足后续生产需要。这部分热能消耗属于本质性消耗。

（2）以热能的形式，存在于完成干燥任务的空气介质中。受温度差的限制（即空气介质温度始终高于坯体温度），同时也为避免露点的发生，完成干燥任务的空气介质仍然具有较高温度，携带有较多热量，其中一部分热量伴随着部分空气介质的回收利用，再次回到干燥室内，服务于坯体干燥，另一部分热量则随着废气的排放而散失到周边环境中，属于额外性消耗。

（3）以热能的形式，从干燥空气介质中传导至干燥设备的各个部件，进而散失到周边环境中，属于额外性消耗。

通常，对于对流干燥设备（主要指辊道式干燥器和立式干燥器），每生产 1t（以固体质量计算）建筑陶瓷生坯，其热能消耗为 85～220kW·h。

4.1.3　节能降耗综合治理

对流干燥设备是陶瓷生产中使用最为广泛的干燥设备，其节能降耗综合治理可从以下两方面来实现。

1）减少生产中的额外性热能消耗，即减少浪费。如图 4-2 所示，对流干燥设备的额外性热能消耗主要包括两部分：尾气余热散失和设备机体散热。

（1）减少尾气余热散失。完成干燥任务后的空气介质中仍然携带有大量热能，若不加控制，则可能造成热能的巨大浪费。空气介质的初始温度越高、排出温度越低，意味着单位体积空气贡献给坯体干燥的热量越多，也导致干燥单位坯体所需排放的尾气体积越少（因为干燥单位坯体所需热量恒定）。如此，尾气的温度低、排量小，尾气余热总量小。因此，生产中，可在避免坯体干燥过快、供热过剩的前提条件下，尽量提高干燥空气介质的初始温度，同时，在保证空气介质不发生露点的情况下，通过调控单位时间内的坯体处理总量，尽量降低尾气排出温度，以减少尾气余热浪费的总量。

（2）减少设备机体散热。干燥设备机体的散热很容易发生，需严格控制。首先，干燥室的墙体需使用合适材质及厚度的保温材料作为内衬，减少干燥室内热量向周边环境的散失。同时，对于干燥器上其他的各种优良导热通道，也需利用保温材料进行有效的覆盖，减少热损失，如热风输送管道、金属机体构架、热电耦、观测窗口等。

2）余热利用

干燥设备的余热利用分为两种：自身余热利用和外来余热利用。

（1）自身余热利用。完成干燥任务的空气介质温度高于常温，仍含有一定热能，若其湿度较低，满足生产要求，可将其部分回用，以减少加热常温新鲜空气所需能耗。回用的方式也有两种：第一种是将其与来自燃烧器的新鲜高温热风直接混合后，作为空气介质用于干燥；另一种是将其与新鲜空气混合后鼓入燃烧器重新燃烧加热（前提是其氧气含量满足燃料充分燃烧要求），再用于干燥。

（2）外来余热利用。干燥工序需要的高温空气介质可以通过燃烧器燃烧燃料提供，也可以对其他工序的高温废气加以利用。在建筑陶瓷的烧成过程中，从烧成窑炉排出的烟气温度为 150～300℃，特别是从窑炉冷却段排出的热空气，其本质上是经加热而未经燃烧的高温新鲜空气，可作为优良的干燥空气介质或燃烧器空气源，用于干燥工序，从而有效地实现整个生产过程中的能量综合利用。当然，实际生产中应综合考虑从窑炉到干燥设备的气流输送成本、管道及保温设施构建成本、热能节约量等，以综合评估经济可行性。

4.1.4　微波干燥

相对于对流干燥，辐射及微波干燥因不需加热空气介质，可以避免大量尾气余热浪费，以及解决尾气排放造成的污染问题。

微波干燥是微波通过与产品直接相互作用将电磁能在瞬间转化为热能，实现对产品的快速脱水干燥的过程。微波是一频率极高的电磁波（频率 300～300000MHz），其中电磁场方向和大小随时做周期性变化，而物料里的水是极性分子，它在快速变化的电磁场作用下，其极性取向将随着外电场的变化而变化，使分子产生剧烈的运动。这种有规律的运动受到临近分子的干扰和阻碍，产生了类似摩擦运动的效应，从而使物料温度升高，达到加热脱水干燥的目的。微波干燥具有以下特点。

（1）加热速度快。由于微波能够深入物料的内部，而不是依靠物料本身的热传导，因此只需常规方法十分之一到百分之一的时间就可完成整个加热过程。

（2）反应灵敏。常规的加热方法不论是电热、蒸汽、热空气等，要达到一定的温度都需要预热一段时间，在发生故障或停止加热时，温度的下降又需要较长的时间。而利用微波加热，开机几分钟，即可正常运转。调整微波输出功率，物料加热情况立即无惰性地随着改变，因此便于进行自动控制。

（3）加热均匀。因为微波加热是从物质的内部加热，而且具有自动平衡的性能。因此，可以避免常规加热过程中容易引起的表面开裂及不均匀等现象。

（4）热效率高。设备占地面积小。加热设备本身虽然要消耗一部分能量，并发散出部分热量，但是，由于加热是从加工物料本身开始，而不像通常那样借热传导或其他介质（如空气）的间接加热，因此设备本身可以说是基本上不辐射热量。这就避免了环境的高温，改善了劳动条件。

（5）有选择性。微波加热与物质的材质有关。在一定频率的微波场中，水由于其介质损耗比其他物料大，故水分比其他物料的吸热量大得多，这样陶瓷坯体可以在很短的时间内经加热而脱模。

根据微波加热特性，在水分含量较高时，水分吸热相对较大，坯体脱水速度快，微波利用率高；当水分降低特别是低于 5% 以下时，水分的吸热量不会像初始阶段那样大，相反，坯体的吸热量相对增加，微波利用率大幅度降低，实验证明，微波干燥对于含水率>10% 以上的坯体较为经济。

有人将微波干燥用在日用陶瓷生产中，以 12″、14″ 鱼盘为例，在整个生产过程中，通过控制微波功率及传送速度，合理安排脱模时间，能取得良好的干燥效果。与传统链式干燥线相比，成坯合格率提高了 13% 左右，脱模时间由原来的 50～60min 缩短到 10～15min。

德国 RIEDHAMMER（瑞德哈姆）窑炉公司开发了微波干燥卫生陶瓷技术。卫生陶瓷坯体水分从 18% 干燥到 1% 只需 1.5h 即可完成，干燥速度极快。德国某卫生陶瓷厂有 3 条压力注浆生产线，用 1 台微波干燥器先将含水 18% 的坯体干燥至含水 15%，只用 20min，常规干燥则需 24h。然后为了节省干燥费用，将含水 15% 的坯体（可用人工搬）改用普通干燥。

微波加热虽然有许多优点，但其固定投资和纯生产费用较其他加热方法更高，特别是耗电较高，因此在陶瓷工业生产过程中应慎重考虑如下几个问题。

（1）微波烧结的应用必须是在电力充沛、有一定的生产规模、产品以出口为主或附加值高、具备现代化生产管理水平的企业，并通过生产成本核算，对应用微波项目的技术可行性、经济性等进行必要的科学论证，方可决定是否应用。

（2）为节约用电，挖掘潜力，利用好工厂余热，降低成本，建议采用微波加热与热空气加热结合使用的方法。如把含水量从80%烘干到2%，用热空气法加热时间为微波加热时间的10倍。但若二者结合起来，先用热空气把水分降到20%左右，再用微波烘干，既缩短干燥时间，又降低了费用（所需微波能量只有全部采用微波能量的四分之一）。

（3）微波干燥也存在干燥不均匀的现象，如果没有注意到这点而盲目应用，也会产生变形及开裂缺陷。作者有详细的分析见参考文献［15］。

可以预见的是，随着新能源发电技术（风力发电、太阳能发电、核电等）的发展以及热电联产技术的推广，可以使用电成本降低。再加上设备制造技术水平的提高，微波干燥的应用前景将会越来越广。

4.2　产生污染分析及其治理

生坯干燥过程中不存在水污染排放，但伴随着大量的干燥设备尾气排放和一定量的固体废物产生。

干燥过程中产生的固体废物是指破损的生坯，可计量其化学成分后，作为原材料回收利用至粉料制备工序。

表4-1给出了文献报道的辊道式干燥器和立式干燥器的尾气排放数据范围（以天然气为燃料）。可见，干燥设备的尾气量较大，但是污染物质浓度较低（通常低于排放标准）。这主要是因为干燥空气介质的温度需求通常仅为300℃左右，因此，燃料燃烧产生的热空气被大量外来新鲜空气稀释，燃烧生成物的浓度大幅度降低，同时，低的燃烧温度也避免了NO_x的大量产生。尾气中的悬浮颗粒物，来自生坯表面粘附的粉尘，以及部分生坯在干燥过程中破碎而产生的粉尘。当然，若不以低含硫量的天然气、液化石油气为燃料，而使用水煤气、工业柴油、重油等含硫量较高的燃料，则尾气中也将含有燃料燃烧产生的SO_2，其浓度大小取决于燃料中硫含量的高低。

表 4-1　干燥设备尾气的典型指标

	指标	含量范围
尾气特征	单位产品尾气排量（m³/kg）	1
	尾气流量（m³/h）	2000～7000
	温度（℃）	50～190
	O₂（%）	16～20
	湿度（RH）	0.04～0.11

	指标	含量范围
污染物含量	粉尘（mg/m³）	5～25
	CO_2（体积分数）（%）	1～3

　　生产中，一方面应在生坯进入干燥设备前，设置合适的清理设备，对生坯表面吸附的粉尘进行清理；另一方面，需定期清理设备内部的破损生坯，以达到降低尾气中悬浮颗粒物浓度的目的。同时，如4.1.3节所述，通过提高干燥空气介质初始温度，降低其排放温度，可降低干燥单位生坯的尾气排量，从而减少污染排放总量。

　　如果采用微波干燥（详见4.1.4微波干燥），将无尾气排放，不但节约了尾气排放带走的热能，而且可以彻底解决排放污染问题。

第5章 烧成过程中的节能减排综合治理

5.1 能耗分析及节能降耗综合治理

烧成工序是陶瓷烧成工艺中的最重要的一道工序,一般不存在水资源的消耗(或极少消耗),但存在大量的电能和热能消耗,这些消耗集中发生在烧成设备——辊道窑、隧道窑或梭式窑的运转中,其热能消耗量在整个陶瓷生产过程中位居第一。

5.1.1 电能消耗分析

辊道窑、隧道窑消耗的电能转化成了多种形式(图5-1),主要用于驱动机械设备进行物料输送(如传送坯体、鼓动空气介质等),梭式窑内主要不存在传送坯体的电能消耗。消耗的电能具体分为以下两方面。

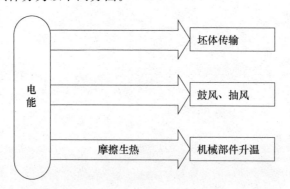

图5-1 辊道窑、隧道窑中的电能消耗及转化途径

(1)做有用功,传送坯体、驱动空气介质流动。这部分电能消耗属于本质性消耗。隧道窑属于连续性生产窑炉,其靠窑车来输送制品,窑车在铺设的轨道上运行,窑车的质量对节能意义重大。窑车越轻,所需要消耗的电能就越低。辊道窑也属于连续性生产窑炉。均匀布置于整条窑炉的辊棒,在窑炉外置的电机及齿轮的带动下在原地持续匀速转动,将坯体从窑头匀速传送至窑尾,使其逐步经历各个烧成窑段,最终烧制成为熟坯。无论是隧道窑还是辊道窑,其内部对烟气或空气介质的流动存在着严格的要求。连续性窑炉可以分成三个部分:预热带、烧成带和冷却带。预热带使用的加热介质为燃料燃烧产生的高温烟气,需要将烟气介质中的热量传递给坯体,对其加热;而冷却带使用的空气介质为常温的新鲜空气,需要将坯体中的热量传递给空气介质,使坯体冷却。因此,连续性窑炉的这前后两个部分中的空气介质类型及作用不同,需分别设置相关设备

以达到要求。如在预热带、烧成带，通过在窑头设置抽风设备、预热带中后端及烧成带设置燃烧设备（供给燃料及助燃空气），使烧成带产生的烟气逐步从高温段流向低温带，将所含热量充分传递给坯体后排出；在冷却带急冷、快冷段分别设置鼓风设备（供给用于冷却坯体的常温新鲜空气），缓冷为了保证产品不开裂，一般不设置鼓风设备，而是合理设置抽风设备，使冷却带的急冷风和快冷风在本段排出。

此外，对于以对流传热为主的、窑内温度较低的窑炉区域，还需增加空气扰动速度，提高传热效率。

（2）以热能的形式，在机械装置运转时的摩擦作用中不可避免地产生，存在于机械部件中，并最终散失到周边环境。这部分电能的消耗属于额外性消耗。

通常，每生产 1t（以固体质量计）建筑陶瓷坯体，辊道窑的电能消耗为 6～45kW·h。

5.1.2　热能消耗分析

传统陶瓷烧成窑炉完全依靠燃料燃烧产生的热能加热坯体。燃料在燃烧器中燃烧产生的热能被空气介质带入窑内后，转化成了多种形式（图 5-2），具体有以下四方面。

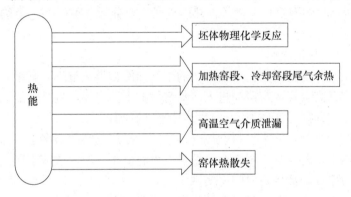

图 5-2　传统陶瓷窑炉的热能消耗及转化形式

（1）做有用功，热量从空气介质中传导至坯体，使其内部发生多种氧化、分解、熔融、析晶、晶型转变等化学、物理反应，最终烧制成为熟坯，属于本质性消耗，所占比重最大。热量从空气介质向坯体中传导的方式包括直接传导和间接传导两种，直接传导是指热量通过对流传热和辐射传热直接从空气介质中传导至坯体；间接传导是指热量通过对流传热和辐射传热传导至窑炉内部的辊道、内衬等部件后，再通过辐射传热或接触性导热进一步传导至坯体。该部分热能消耗量与坯体的最高烧成温度直接相关，最高烧成温度越高，则所需热量消耗越大。

（2）以热能的形式，存在于完成加热或冷却任务的空气介质中，属于额外性消耗，所占比重也较大。在预热带，受空气与坯体热交换程度的限制，以及为了避免露点现象的发生，完成加热任务的燃料燃烧空气介质仍然具有较高温度，携带有大量热量；在冷却带，常温新鲜空气介质将来自于烧成带的高温瓷坯中的热能携带后排出，温度显著升高，含有大量热能。

（3）以热能的形式，存在于从窑体泄漏至周边环境中的空气介质中，属于额外性消耗。如在燃烧和鼓风的作用下，辊道窑内呈现着不同的气压分布。在窑内气压高于周边环境气压的窑段，窑内空气介质会在内外压力差的作用下，从各种通道（主要为辊棒与窑体的间隙）外溢至周边环境中，带走部分热能，造成浪费。

（4）以热能的形式，从窑体各个部位（如辊棒、窑身、管道等）散失到周边环境中，属于额外性消耗。

通常，每生产 1t（以固体质量计）建筑陶瓷坯体，辊道窑热能消耗为 500～1300kW·h。

5.1.3 节能降耗综合治理

陶瓷烧成窑炉能耗的节约主要指热能消耗的节约。通过调节坯体配方，降低最高烧成温度、缩短烧成周期，从而减少坯体烧成的本质性热能消耗，是减少热能消耗的最直接途径。

此外，节约额外性热能消耗也是节能降耗的重要途径，主要分为以下两类。

5.1.3.1 减少生产中的额外性热能消耗

如图 5-2 所示，陶瓷窑炉的额外性热能消耗主要分为三种：尾气余热散失、热风泄漏和窑体散热。

1）减少尾气余热散失

陶瓷窑炉尾气分为两大类：窑头排出的烟气和冷却带热空气。其中，冷却带热空气的热能来自于离开高温烧成窑段而进入冷却窑段的高温瓷坯，且其热能总量决定于坯体的最高烧成温度（即高温坯体温度），受坯体配方影响，难以通过其他途径调节。

窑头排出的烟气的热能为燃料燃烧气体余热，受烧成窑的诸多工艺参数影响，调节空间很大。原则上，若要减少尾气余热总量，需降低尾气温度或减少尾气排量，可通过增加窑内传热效率或增加传热时间来实现。

（1）增加传热效率。在热量投入总量和热交换时间一定的前提下，传热效率越高，则从单位空气介质中传导至单位坯体中的热量越多，尾气中残留的热量便越少（表现为温度越低），同时，由于烧成单位坯体的本质性热量需求恒定，故生产单位坯体所需的空气介质数量也越少，即尾气排量小。因此，对于生产单位坯体，提高传热效率可同时降低尾气温度和减少尾气排量，从而减少尾气余热总量。窑炉预热带，烟气介质中的热量主要通过对流传热直接传导至坯体（尤其是低温区），或先通过对流传热传导至窑体内衬及辊棒（窑车）后，再通过辐射传热传导至坯体。因此，提高空气介质扰动速度，对提高对流传热效率以及总体传热效率非常关键。预热带可通过促进空气扰动，烧成带合理地选择和安装喷嘴非常重要（如脉冲式喷嘴、高速喷嘴、预混式喷嘴等）。同时，空气的充分扰动不仅增加了传热效率，也使得窑内横截面上的温度分布均匀，有利于保证坯体烧制的均匀性以及最终产品质量。

（2）增加传热时间。在传热效率一定的前提下，传热时间越长，则越多的热量从空气介质传导至坯体，尾气中的残留热量也越少。通过延长窑炉，可增加传热时间，从而减少尾气温度以及余热总量。

但是，窑炉的延长意味着投资成本的增加及电能消耗的提高，因此，需权衡具体的热能节约与电能消耗及投资成本的关系，以真正实现节能降耗。

2）减少热风泄漏

窑内热风主要通过事故处理口、观察孔、窑车与窑墙之间的缝隙、窑车与窑车之间的缝隙、辊棒与窑体之间的缝隙等处向外泄漏，一方面浪费热能（尽管总量很小），另一方面易烧坏窑炉外置部件，应尽量避免，主要依靠优化窑炉结构、选用优质材料、加强施工技术及管理等来实现。

3）减少窑体散热

采用合适的窑体保温层，是减少窑体散热的首要途径。同时，对窑炉上其他的各种优良导热通道，也需利用保温材料进行有效的覆盖，减少热损失，这些导热通道如观测窗口、机体金属构架、热电耦、热风输送管道等。

此外，窑炉散热量与其散热面积密切相关。对于单层辊道的辊道窑，窑体越高（此时，散热面积增加而产量未变），则生产单位产品的散热量越大，而窑体越宽（此时，坯体产量增加比例大于散热面积增加比例），则生产单位产品的散热量越小。因此，增加窑体宽度、减小窑体高度，可有效减少生产单位产品的热能散失量。

5.1.3.2　尾气余热利用

连续性窑炉产生的尾气有三种：窑头排出的烟气、急冷段热空气、快冷段热空气。各种尾气的成分或温度互不相同，具有不同利用价值。

1）窑头排出的烟气余热利用

为便于讨论，此处窑头排出的烟气特指来自于烧成窑低温段排出的废气（120～350℃），它含有燃料燃烧、坯体氧化及分解产生的多种物质，主要可做两种用途。

（1）用于预热带进行坯体干燥。此时，废气直接从窑内的烧成带流入预热带，实施坯体干燥。废气中含有多种酸性气体（尤其是 SO_3）以及燃料燃烧及黏土矿物分解产生的水蒸气，进一步携带生坯干燥产生的水蒸气后，其露点温度较高，露水腐蚀性强，需在足够高的温度下排放，以防止露点现象发生进而腐蚀设备及烟囱。当然，越高的尾气排放温度也意味着越大的热能浪费。

（2）用于预热烧嘴的助燃空气（或燃料）。此时，废气被抽风机从低温烧成窑的窑头抽出，通过换热器将热量传导给较冷的助燃空气（或燃料），从而可减少燃料燃烧热能需求量，节约燃料使用量。此时，也需防止尾气温度过低而发生露点现象。

2）急冷段热空气余热利用

该热空气是常温新鲜空气与来自于高温烧成带的高温坯体直接接触后形成的高温空气（400～500℃），所含热量巨大，且氧气含量充分（体积比约 21%），可辅助燃料燃烧，利用价值很高。不过，由于直接接触过高温坯体，该尾气可能含有一定的污染物质，使用时需注意。

（1）用作燃烧的助燃空气。由于热空气的总流量远大于燃料燃烧所需空气量，因此，此时热空气只能被部分利用。此外，由于空气温度很高，若直接用于燃烧器，对其相关部件的材质要求也较高。若要满足燃烧器部件的低温要求，可将热空气与常温新鲜空气或其他冷却带热空气适当混合降温后，再加以利用。

（2）用作干燥设备（窑炉的预热带或其他工序的干燥器）的加热空气介质。可直接或与其他冷却带热空气混合后，通过管道输送至干燥设备，进行坯体或其他物料的干燥。

3）快速冷却带热空气余热利用

该尾气是常温新鲜空气与窑尾的低温坯体直接接触后形成的低温空气（约150℃），含热量小、流量大、含氧充分、几乎不含污染物质，但单独利用价值不大。

（1）用于稀释急冷段的热空气。

（2）用作与人体直接接触的场合（如厂房内部）的供暖。

4）窑内管屏换热

在辊道窑内设置管屏，管屏管道分两种情况设置，一种是沿窑长方向安装，其中上管屏管道安装在辊棒上方，下管屏管道沿窑长方向直接安放在窑体上；另外一种是沿窑宽方向安装，上管屏管道安装在辊棒上方，下管屏管道安装在辊棒下方。窑炉运作时，上下管屏管道内通以冷空气用于和窑内烟气进行换热，相比于原来急冷带的急冷气幕和缓冷段的缓冷风管，这种换热效果更好，提高了冷却效率，节约了能源，换热后的热空气还可用于喷雾干燥塔和干燥窑内作为干燥介质，实现了对余热梯级利用，提高了余热利用率，降低了企业成本。

当然，通过采用富氧燃烧技术，促使燃料完全燃烧，提高燃料利用效率，也是理想的节能方法。值得注意的是，热能节约措施的实施，往往伴随着一定程度的投资成本增加（如管道建设、保温材料及抽风设备的使用、纯氧或富氧的供给等）或电能消耗增加（如鼓风、抽风增强等），同时，部分热能在气体传输过程中会不可避免地散失到周边环境。因此，生产中应综合评估各项因素，以确保节能降耗的综合效果。

5.1.3.3 隧道窑预热带上下温差问题的解决

隧道窑往往在预热带会产生气体分层及上下温差，温差越大烧成周期就越长能耗也越大，而且也极大地影响产品质量。

分析其原因有：①预热带负压操作，从不严密处漏入冷风；②上部拱顶空隙大，阻力小，几何压头作用大；③窑车吸热量大，降低了下部温度等。

常用的解决办法如下。

（1）从窑炉结构上，采用平顶或顶向上倾斜，减小上部空隙增加阻力；缩短窑长，降低负压；降低窑内高度，减小几何压头作用；排烟口开在窑车台面处，迫使气体下流；设立各种气幕，起到搅拌等作用。

（2）从窑车结构和材质上，设计严密的窑车接头以及窑车与窑墙之间的砂封、曲封，设立下部火道增加下部烟气的流动，选用轻质耐火材料，以减轻窑车质量，减少窑车蓄热。窑车的积散热加大了上下温差，延长了烧成周期，不利于快烧。普通窑车积散热占全部热耗的20%～25%。由蓄热公式 $Q=cm(t_f-t)$ 可知，蓄热量与窑车的质量 m 成正比，因此应尽量减小窑车质量，采用轻型窑车。

（3）码坯方法上，采用上密下稀的方式适当稀码，以增加气流通道，特别是减小下部通道的阻力。

（4）采用高速调温烧嘴，增加窑内气场的扰动。

为了提高传热效率降低能耗，隧道窑常采用设置各种气幕的方法。气幕可以克服预热带气体分层，还可以保证温度制度及气氛制度的实现，是提高产品生产效率和质量，降低能耗的常用有效手段。常采用的气幕有以下几种。

（1）封闭气幕：设置在窑头或窑尾的窑墙、窑顶设置分散垂直小孔或与窑车方向成 45°夹角的狭缝，气体喷入形成 1~2Pa 的正压，防止气体漏入（出）窑。风源为车下抽热风，冷却带抽热风或分流部分烟气入窑头。作用为：防止冷风漏入窑内；减少上下温差；减少排烟设备的负荷。

（2）搅动气幕：预热带可设置 2~3 道，以一定角度（逆烟气方向成 90°、120°或 180°）喷入，使气体激烈搅动，减小上下温差，达到快速烧成。风源为烧成带双层拱内热风，冷却带抽热风。喷出速度＞10m/s。因热气体温度低，流速小，效果不够理想，现代隧道窑多用高速调温烧嘴代替搅动气幕。其喷出速度超过 100m/s，且温度可任意调节，效果好。

（3）循环气幕：在窑墙窑顶设置轴流见机或喷射泵，利用负压循环上下气体，减少气体分层，均匀窑温。

（4）气氛气幕：在 900~1050℃位置设置 2~3 道，顶多孔或狭缝送风，或顶、墙多孔同时送风，风温 600~800℃，$\alpha>1.2~1.5$，风量适中。因为 1050~1200℃的还原焰中含有大量 CO、C、H_2 等可燃物，如果直接往窑头方向流动将影响 1050℃以前的氧化焰性，并与 O_2 反应，使 α 降低，氧化效果减弱，易产生坯泡，气氛气幕中的 O_2 与 CO、H_2、C 等反应。气氛气幕的设置，阻挡烟气中的还原气体成分进入氧化阶段，保证气氛转换。气氛气幕的气源一般是冷却带抽 600~800℃热风；或者从窑墙、顶间壁抽间壁冷却风，经烧成带加热后送入。

5.2　污染分析及综合治理

烧成过程中不排放水污染和固体废物，但排放大量的污染性窑炉尾气，也即窑头排出的烟气。

5.2.1　污染分析

窑头排出的烟气所含污染物质一部分来源于燃料燃烧，另一部分来源于坯体的氧化及分解，具体有以下六个方面。

5.2.1.1　悬浮固体颗粒物

燃料的不完全燃烧会生成含碳固体颗粒物，进入烟气中。通常，气态燃料由于分子分散度高，易于充分燃烧，而液态燃料难以充分燃烧，燃烧烟尘较大。此外，坯体表面粘附的粉尘、窑内部件磨损产生的粉尘，也将被空气介质携带进入烟气中。

5.2.1.2　硫氧化物 SO_x

作为 SO_x 的主要成分，SO_2 是一种无色有臭味的强烈刺激性酸性气体，其与空气中的水蒸气结合生成的亚硫酸和硫酸对农作物、建筑物、文物古迹、牲畜等一切生物及人类本身都有很大的危害。据统计，世界历史上最典型的 10 次公害中有 8 次是由于大气受 SO_2 等有害气体物污染引起的。目前我国每年由于环境污染造成的损失高达几百亿元。

伴随着社会的进步、人们环保意识的增强，陶瓷工业窑炉使用的燃料出现多样化，包括固、液、气三种。然而，无论是燃煤、燃油还是燃气的陶瓷窑炉，由于它们原料中都含有硫，在陶瓷烧成过程中都引起大气污染物 SO_2 的排放。

（1）燃料引起的 SO_x 排放

SO_x 排放主要来自于固体、液体、气体燃料的燃烧。如以煤作为燃料，硫在煤中以三种形态存在：有机硫（与 C、H 等结合成复杂的化合物）、黄铁矿硫和硫酸盐硫。硫酸盐硫一般不能再氧化，可计入灰分。有机硫和黄铁矿硫在煤燃烧时反应形式复杂，最终几乎百分之百地转化为 SO_x。煤燃烧时硫的释放可分为快速释放和缓慢释放。煤送入炉内后，随着温度的升高，其结构被破坏并释放出挥发性物质，大部分的 FeS_2 和部分有机硫以 H_2S、COS 的形态释放出来，其反应如下：

$$FeS_2 + H_2 \longrightarrow FeS + H_2S \tag{5-1}$$

$$FeS_2 + CO \longrightarrow FeS + COS \tag{5-2}$$

剩余的少量 FeS_2 和形成的 FeS 及部分有机硫留于半焦，同时，随挥发分释出的硫也可被热解过程中形成的塑性体吸收而转化为有机硫而留于半焦。另外，在煤热解过程中有少量氧扩散至煤表面，使少量的 FeS_2 和有机硫被直接氧化，以 SO_2 形态释出。此阶段为硫的快速释放。其特点是以热解为主，氧化释硫是次要的。随着挥发物释出量的减少，氧扩散至煤表面的量增多，氧化半焦中的 FeS_2、FeS 及有机硫以 SO_2 形态释出。此阶段以氧化半焦释硫为主，在较长时间里只释出约 40% 的硫，为硫的缓慢释放。

燃烧重油也一样会产生 SO_x，重（渣）油是用原油经常压或减压蒸馏提取馏分后的残渣油，在陶瓷窑炉中燃烧也会产生烟气的污染。高标号重油含硫量较高，燃烧时同样生成 SO_x 等有害气体及黑色烟尘。

燃气中的硫分别以硫化氢和有机硫的形式存在，在高温燃烧时氧化生成 SO_x。不同的燃气有机硫、硫化氢的含量差别很大，故其排放时产生的 SO_x 污染物浓度也差别很大。

烟气中的 SO_x 含量随着燃料含硫量的增加显著增加。通常，天然气、液化石油气中的含硫量很少，而液态燃料（如工业柴油、重油）以及水煤气（由固态煤加工而成）的含硫量较高。

（2）陶瓷原料烧成中产生 SO_x 排放

近年来人们逐步认识到在传统陶瓷的烧成过程中，部分含硫原料也导致 SO_x 的大量排放。在重质黏土厂大量 SO_x 排放是由于原料中的黄铁矿 FeS_2 的氧化所致，在 $400\sim600℃$ 之间黄铁矿氧化分解。黄铁矿的分解经过两个阶段，首先是 FeS_2 氧化成 FeS，然后再将 FeS 氧化成 Fe_2O_3。其反应过程为：

$$FeS_2 + O_2 \longrightarrow FeS + SO_2\uparrow \tag{5-3}$$

$$4FeS + 7O_2 \longrightarrow 2Fe_2O_3 + 4SO_2\uparrow \tag{5-4}$$

原料中含有的硫酸盐类在高温燃烧过程中也会分解产生二氧化硫。其反应方程为：

$$RSO_4 \longrightarrow RO + SO_2\uparrow + O_2\uparrow \tag{5-5}$$

其中，RO——CaO、MgO、K_2O、Na_2O 等。

在黏土系统中硫酸钙开始分解温度是 950℃，硫酸镁在高于 750℃ 分解，硫酸钠在 500～600℃ 之间分解，硫酸钠在 650～700℃ 之间分解。

SO_x 不仅是排放出去烟气中的环境污染物，而且当它们在窑内流通时，对生产也可能造成破坏。例如，SO_x 与 H_2O 结合后可生成酸，它可与坯体（尤其是釉料）中的碱性元素（如 Pb、Ca、Mg 等）化合生成硫酸盐。由于部分硫酸盐的分解温度很高，若发生不完全或不恰当的分解，易导致坯体表面（尤其是釉面）产生偏色或气泡等缺陷。

5.2.1.3　氮氧化物 NO_x

NO_x 对人、动物、植物有严重的危害，如 NO_x 中主要成分 NO 在大气中氧化成 NO_2，再经紫外线照射与排入大气中的碳氢化合物接触，便生成了一种浅蓝色的有毒烟雾——化学烟雾。这种烟雾对人的眼、鼻、心、肺、肝、造血组织等均有强烈的刺激和损害作用。NO_x 与血色素的结合比 CO 大几百倍，人在 NO_x 浓度为 400×10^{-6} 的大气中 5min 即可死亡。NO_x 对汽车轮胎等橡胶制品有龟裂作用，对植物也会造成损害。

目前，对高温陶瓷窑炉燃料燃烧过程中 NO_x 生成机理还不甚清楚。但大多数研究者基本一致认为其由三部分组成，即：热力型 NO_x、燃料型 NO_x 和快速型 NO_x。热力型 NO_x 是供燃烧用的空气中的氮在高温状态下与氧进行化学反应生成 NO_x；燃料型 NO_x 是有机矿物燃料中的杂环氮化物在火焰中发生热分解，接着被氧化，生成 NO_x。二者的重要区别在于：燃烧所用空气的 N_2 分解成 N 是在燃烧导致的温度升高之后进行的，而燃料中所含的氮化物释放出 N，并且释放比较完全，是与燃料的燃烧升温过程同时进行的。

当然，气体燃料中所含的是 N_2 而不是含氮的有机化合物，其所含 N_2 的作用同热力型 NO_x 相同，只是当 NH_3 或 HCN 存在时，才会形成燃料型 NO_x。而快速型 NO_x 是 CH 系燃料在过剩空气系数为 0.7～0.75 并预混合燃料时生成的，其生成地点不在火焰面下游，而在火焰面内部。另外，燃料燃烧过程中生成的 NO_x 几乎全部是 NO 和 NO_2，其中 NO 占 90%，其余为 NO_2，且 NO 在大气中易于氧化为 NO_2。

从以上机理简述可知，无论热力型 NO_x 还是燃料型 NO_x，影响其生成的因素有燃烧温度、氮的浓度、氧的浓度和时间。下面从燃料特性、过剩空气系数、一次风率、二次风率、燃烧温度、烟气停留时间等方面进行分析。

（1）燃料特性对 NO_x 的影响

由于在液体或固体燃料中通常含有各种各样的含氮有机物，这是燃料型 NO_x 的主要来源。有关试验数据表明，燃料中的含氮量与 NO 转换率的关系为：当燃料含氮量超过 0.5% 时，NO 转换率变化不大，为 30% 左右，此时出现了饱和现象。同时，还有试验结果表明，NO 主要来源于半焦氮，而 N_2O 主要来源于挥发分氮。燃料氮生成 NO 及 N_2O 的转化率随煤阶的升高而增加，但 NO 的生成量与煤阶关系相对较小；燃料氮转换生成 N_2O 的量随温度的升高而下降，但转化生成 NO 的量随温度的升高而增加。

当燃料为煤时，其挥发分中的各种元素比也会影响到 NO_x 的排放量，显然，

O/N 比越大，N 越易被氧化，故 NO_x 排放量越高，且对外部氧浓度越不敏感。由于褐煤中 O/N 比一般较大，因此，NO_x 排放量较高。H/C 比越高，则 NO 越难以被还原，故 NO_x 排放量也越高。另外，S/N 比会影响到各自的排放水平，因为 S 和 N 氧化时会相互竞争，故 SO_2 排放量越高，NO_x 排放量越低。对于气体燃料，由于其氮的含量较低，故其生成的 NO_x 主要为热力型 NO_x 和快速型 NO_x。因此，采用优质燃料以减少其氮的含量，以气体燃料代替固体、液体燃料，对于降低 NO_x 的排放具有显著的意义。

（2）过剩空气系数对 NO_x 的影响

由于 NO_x 生成取决于 N 和 O 的结合，二者缺一不可，故含氧量（与过剩空气系数的大小有关）将影响到 NO_x 量。试验揭示了燃料型 NO_x 和热力型 NO_x 分别与过剩空气系数和温度的关系。试验结果表明，NO 随过量空气系数的降低而一直下降，尤其当过量空气系数 $\alpha < 1$ 时，NO 的生成量急剧降低，这种趋向两者是一致的。原因是含氧量不足，氧与燃料中可燃成分化合而耗尽，因而破坏了氮与氧化合的物质条件。而当 $\alpha > 1.1$ 时，热力型 NO_x 的含量亦趋于下降，其原因是此时的温度已低于热力型 NO_x 生成温度的最高点，但燃料型 NO_x 的总含量仍在上升。因此，燃料型 NO_x 的生成取决于氮浓度、氧浓度和时间，而热力型 NO_x 在 $\alpha = 1.1$ 左右出现峰值。这是由于当过剩空气量小于理论空气量（$\alpha = 1.0$）时，空气量增加导致燃烧温度增加，热力型 NO_x 量增加；当空气量超过理论空气量时，由于空气量增加引起燃烧温度急剧下降，致使热力型 NO_x 生成量大幅度下降。

（3）二次风的影响

由以上分析可知，如果风次不分级时，降低过剩空气系数可以减少 NO_x 的排放，但同时由于氧量不足，CO 浓度增加，燃烧效率下降。如果采用分级送风，适当地降低一次风率、增大二次风率可大大降低 NO_x 的排放量。研究表明，当将约 1/3 左右的燃烧空气作为二次风送入密相区上方一定距离处，NO_x 排放量可望达到最低水平。当然，不同的窑炉结构有可能会使最佳的一、二次风配比在此范围内有所变化。由于二次风投入点升高后，在投入点以下氧量较少，CO 度越高，通过焦炭氧化生成的 NO 浓度减少，而同时 CO 和焦炭对 NO 的还原作用增加，因而 NO 浓度大大降低。关于 N_2O，二次风口以下氧量变少，生成 N_2O 的反应受抑制，排放量也减少。

（4）燃烧温度对 NO_x 的影响

燃烧温度对 NO_x 排放量的影响已取得共识。燃烧温度越高，NO_x 生成就越多，且在高温下炉气中的 N_2 和 O_2 反应生成的 NO_x 随温度增加呈指数关系增加，因此，高温火焰产生的 NO_x 就多。我们知道，空气预热温度越高，节能效果就越大，燃烧温度就越高，但带来的却是 NO_x 增加。如空气预热温度达 1000℃ 以上，则大大提高了火焰局部高温，使 NO_x 形成显著增加。故从环保角度来说，空气预热温度不宜过高。另外，使用废气再循环方法从换热器后的废气中抽出一部分送入高温燃烧区中，可冲淡燃烧区的氧含量，降低局部高温，使 NO_x 降低，同时还可使火焰温度更加均匀。也可以喷水蒸气以及用四角切圆燃烧技术降低燃烧的温度。

（5）其他因素对 NO_x 的影响

高温烟气的停留时间对 NO_x 影响也十分显著。由于在燃烧温度下，NO 生成反应还没有达到化学平衡，因而 NO 的生产量将随烟气在高温区内的停留时间增大而增大。此外，加入脱硫剂也可以影响 NO_x 的生成量。加入的脱硫剂为石灰石，其直接目的是降低 SO_2 的排放量，同时，对 NO_x 的排放量也会产生明显的影响，使 NO 上升。脱硫剂的影响主要体现在两个方面：一方面使富余的 CaO 作为强催化剂强化燃料氮的氧化速度，使 NO 的生成速度增加；另一方面使富余的 CaO 和 CaS 作为催化剂强化 CO 还原 NO 的反应过程。一般情况下，CaO 对燃料氮氧化物生成 NO 的贡献大于其对还原性气体还原 NO 的贡献，使得 NO_x 排放量增加。

此外，坯体及釉料中含有的硝酸盐的分解也将产生少量 NO_x。

5.2.1.4　氯化物（主要为 HCl）

黏土中的岩盐（NaCl）是 HCl 的主要来源，约 400℃ 时，岩盐开始与黏土内的含钾矿物（如云母、伊利石等）相互反应，分解产生 HCl 及碱金属蒸气进入烟气中。

与此同时，碱金属蒸气在窑内流通时，易腐蚀窑体内衬材料，对窑体造成破坏。此外，黏土矿物、磷灰石也可能含有少量 Cl 元素（小于 1%），其分解也将产生 HCl。

5.2.1.5　氟化物（主要为 HF）

F^- 易取代晶体中的 OH^- 而广泛存在于黏土矿物中，如伊利石、云母的含 F 量可达 6% 以上，蒙脱石的含 F 量可达 4% 以上。同时，黏土中混有的氟磷灰石 $[Ca_5F(PO_4)_3]$、萤石（CaF_2）等也是烟气中 HF 的来源。这些含氟矿物在不同温度开始发生分解，产生 HF 进入烟气中。大部分单一黏土矿物在 450℃ 时开始分解释放 HF，并在 600～750℃ 分解最为活跃。不过，各种矿物彼此混合后，坯体中黏土矿物往往在 800℃ 左右开始活跃释放出 HF，并一直持续到最高烧成温度。此外，由于 Ca^{2+} 易结合 F^- 生成 CaF_2，且其分解温度较高，当坯体中方解石（$CaCO_3$）含量高于 10% 时，HF 的活跃释放温度将延迟至 900℃。

5.2.1.6　重金属

对于施釉坯体，釉料中含有的重金属元素（如 Pb、Zr、As、Zn、Cu、Co 等）易在高温环境下挥发扩散，进入烟气中，且通常以固体颗粒物形式存在。

因此，辊道窑窑头排出的烟气中含有多种环境污染物质，表 5-1 给出了文献报道的辊道窑烟气排放数据，可作参考。

表 5-1　辊道窑烟气的典型指标

	指标	含量
烟气特征	单位产品烟气排量（m³/kg）	4
	烟气流量（m³/h）	5000～15000
	温度（℃）	150～300
	O_2（%）	15～18
	湿度（RH）	0.05～0.10

续表

	指标	含量
污染物含量	粉尘（mg/m^3）	5～30（200～650）
	NO_x（以 NO_2 计）（mg/m^3）	5～150（400～1000）
	SO_x（以 SO_2 计）（mg/m^3）	1～300（400～1500）
	CO（mg/m^3）	1～15
	氟化物（以 HF 计）（mg/m^3）	5～60
	氯化物（以 HCl 计）（mg/m^3）	20～150
	B（mg/m^3）	＜0.5
	Pb（mg/m^3）	＜0.15
	CO_2（体积分数）（%）	1.5～4.0

注：括号内数据是国内以水煤气、柴油、重油等为燃料时的检测数据；其他是国外以天然气为燃料时的检测数据。

5.2.2 污染综合治理

5.2.2.1 源头减量技术

由于燃料及原料是污染物质的直接来源，因此，选择清洁燃料和原料，提高燃料燃烧充分度是减少污染物产出的最直接、最有效的方法。

不过，与其他污染物质相比，NO_x的情况有所不同。不管使用何种燃料和原料，空气中的 NO_x 与 O_2 在辊道窑内的高温环境下会化合生成大量热力型 NO_x，其生成量与温度密切相关：当反应温度低于1400℃时，其生成速度极慢；当反应温度高于1400℃时，反应明显加快。辊道窑的燃烧器火焰区域是窑内最高温度区域，也是热力型 NO_x 生成的主要区域。生产中通过合理选择和布置燃烧器喷嘴，促使窑内温度分布均匀，减少过高温度区域的存在，可有效减少热力型 NO_x 的产生。

5.2.2.2 末端综合治理

受燃料及原料品质、高温烧成温度的限制，辊道窑窑头排出的烟气中不可避免地存在各种环境污染物质，主要包括悬浮固体颗粒物（包含重金属）和酸性气体（SO_x、NO_x、HCl、HF）。虽然 NO_x 末端治理装置的投资及运行成本很高，但在当前形势下，已经开始应用于建筑陶瓷行业。建陶行业应注重改进辊道窑的燃烧状态，从源头上减少热力型 NO_x 的产生及排放。因此，辊道窑烟气中的悬浮固体颗粒物、SO_x、HCl 和 HF 是末端治理的主要对象。

喷雾干燥塔尾气治理章节中（2.4 节）已详细介绍了各种除尘、脱硫、脱硝技术，且由于酸性气体（SO_x、HCl、HF）的脱除技术具有相同之处，在此不再赘述，以下直接介绍适合于辊道窑烟气末端治理的各种技术。

（1）湿法：碱液喷淋

由于 SO_x、HCl、HF 均属于水溶性的酸性气体，因此可使烟气流过碱性水溶液喷淋塔，通过酸碱中和作用将酸性气体从烟气中吸收脱除。同时，部分固体颗粒物也将被吸收液的水雾吸附捕获，从烟气中脱除。此外，烟气中水溶性较好的 NO_2 也被一同脱除。碱性吸收液可使用 2.4.2 节已介绍的湿法脱硫工艺所用碱液（如 $CaCO_3$、$NaOH$、Na_2CO_3、海水等），也可使用其他碱液〔如 $Ca(OH)_2$、$NaHCO_3$、氨水等〕。

湿法碱液喷淋法对酸性气体脱除效果很好，但除尘效果稍差，且存在吸收废液的处置问题。此外，烟气与吸收液发生热交换后温度明显降低，需额外加大抽风力度，才能将处理后的烟气排出。同时，经过脱硫除尘之后的烟气带水和由此而引起的风机带水、积灰、振动、磨损及尾部烟道腐蚀，也一直是困扰设备运行的问题。

（2）干法：CDSI＋布袋除尘器或 CDSI＋静电除尘器

CDSI（荷电干式吸收剂喷射法，详见 2.4 节）将碱性固体吸收剂〔如 $Ca(OH)_2$、$NaHCO_3$ 粉末〕附加电荷后，喷入烟气输送管道中，使吸收剂粉末在电荷的排斥作用下彼此远离，高度分散于烟气中，从而与酸性气体（SO_x、HCl、HF）充分反应，将其吸收固化成为固体颗粒物（$CaSO_x$、$CaCl_2$、CaF_2）。因此，辊道窑烟气经 CDSI 处理后，绝大部分气体污染物都转变成了悬浮固体颗粒物，可利用除尘器，将 $CaSO_x$、$CaCl_2$、CaF_2 以及烟气中原有的悬浮固体颗粒物一并收集去除。

由于辊道窑烟气的湿度较低，除尘器除了可选用布袋除尘器（详见 2.4 节），还可选用静电除尘器。静电除尘器的除尘室内平行布置着多对电极板，每对电极板由接有高压直流电源的阴极板（又称电晕极）和接地的阳极板构成，两板之间形成了高压电场。当烟气从两板之间通过时，阴极板发生电晕放电将气体电离，此时，带负电的气体离子在电场力的作用下向阳极板运动，在运动中与悬浮固体颗粒物相碰，使颗粒带上负电荷。带负电颗粒也在电场力的作用下向阳极运动，到达阳极后，放出所带电子，颗粒则沉积于阳极板上，而得到净化的气体排出除尘室外。

干法治理工艺的酸性气体脱除效果以及除尘效果很好，且无废水污染产生，最终收集的固体废物也易于处置（如水泥固化、卫生填埋等），非常适用于辊道窑烟气的治理，在建筑陶瓷行业得到了广泛应用。比较而言，静电除尘器的气流阻力小，烟气排出的抽风力度要求较低，且使用温度范围宽，无需对辊道窑烟气预先进行温度调节，不过，其造价较高，安装及管理技术水平也较高，且运行耗电量较大；而布袋除尘器的除尘效率更高，尤其对严重影响人体健康的重金属粒子及亚微米级颗粒的捕集更为有效，且其运行耗电量少，不过，布袋对气流的阻力大，抽风电耗较高，同时，为保证布袋除尘器的正常稳定运行，需及时清理、更换布袋，并选用合适材质的布袋或预先降低烟气温度（如将其与常温空气混合），使布袋能够承受烟气的温度。

5.2.2.3　窑炉烟气脱硝问题

如 5.2.2.2 所述，虽然可以用碱液喷淋的方法，使烟气中水溶性较好的 NO_2 也被一同脱除。但还有大量的 NO 等氮氧化物采用碱液喷淋效果不大。而在窑炉高温区内不适宜采用选择性非催化还原法（SNCR），在辊道窑或隧道窑排放的烟气中，如果采用选择性催化还原法（SCR），也往往因为低于 SCR 的最有效温度范围 $300 \sim 400{}^{\circ}\!\text{C}$，此时需要的是适用于烟气温度区间的低温 SCR 催化剂，促使烟气中的 NO_x 反应生成无害的 N_2，从而实现脱硝的目的。当前，低温 SCR 催化剂已经有少部分企业正在研发或正在推广使用，预计不远的将来，可以推广到陶瓷行业。

当然也可以根据5.2.1.3小节的分析，通过使用不含N的燃料、尽可能降低空气过剩系数、采用二次风补充燃烧、降低高温火焰的温度、减少烟气在高温段的停留时间等方式，从源头上减少氮氧化物的产生。

5.3 陶瓷制品烧成过程中的节能措施

众所周知，陶瓷工业生产过程中要消耗大量的能源，烧成工序的能耗约占总能耗的61%左右，而烧成工序又以陶瓷窑炉为主要能耗设备。下面再就陶瓷窑炉的节能技术进行分析。

5.3.1 窑炉类型与结构方面的节能

5.3.1.1 正确选择先进和节能型的陶瓷窑炉

窑炉是陶瓷企业最关键的热工设备，也是耗能最大的设备。因此选择和设计最先进的节能窑炉至关重要。现在，在广东陶瓷工业中，使用较好的窑炉有梭式窑、隧道窑和辊道窑三大类。其中辊道窑具有产量大、质量好、能耗低、自动化程度高、操作方便、劳动强度低、占地面积小等优点，是当今窑炉的发展的方向。

陶瓷墙地砖应优先选择大型化的辊道窑，大型窑炉的综合能耗低，经济效益明显提高。

用梭式窑炉烧结卫生陶瓷，与其他窑炉相比，有很大的机动性，可取消夜间生产，有订单就做，没有就停窑，最适合于家庭式作坊生产，因而在广东潮州卫生陶瓷产区得到空前广泛的使用（占全国卫生陶瓷产量的40%左右），窑炉容积10～65m³，烧成温度1260℃，烧成周期11～12h，虽然采取了一系列节能措施，窑炉烧成能耗仍高达（2000～3000）×4.18kJ/kg（瓷），窑炉烧成车间温度高，工人劳动强度较大，产品优等品率不高，产量不够大，窑炉的烧成成本较高，不利于提高企业品牌的在国内外市场的竞争力（与先进隧道窑相比）。

目前，广东不少卫生陶瓷企业使用的隧道窑，能耗还是相当高的，与现在最先进和节能的卫生陶瓷隧道窑相比，还有一定的差距。

目前，国内卫生陶瓷企业使用辊道窑的数量不多，烧成能耗（900～1100）×4.18kJ/kg（瓷），但辊道窑在卫生陶瓷窑炉中是最节能的，自动化程度最高，工人劳动强度最小。但是由于辊棒强度和长度有限（基本上依靠进口）还不能烧结连体大件卫生陶瓷。今后，应加强对高强度辊棒的研究的生产，使卫生陶瓷和墙地砖一样，可以大规模使用辊道窑生产，能耗会大幅度下降。

现在广东陶瓷行业的颜色料（占全国产量的70%）主要是采用容积较小的旧式梭式窑生产，能耗高，为（2500～3500）×4.18kJ/kg（料），工人劳动强度较高。有部分采用普通隧道窑，能耗也相当高（2000～3000）×4.18kJ/kg（料），只有极个别厂使用辊道窑生产，能耗降为（1500～2000）×4.18kJ/kg（料），烧成能耗大幅度下降。

应大力推广使用新型的节能隧道窑，能耗降为（1500～2000）×4.18kJ/kg（料），以及先进的辊道窑，能耗降为（1000～2000）×4.18kJ/kg（料）。

5.3.1.2 窑型向辊道化发展

在陶瓷行业中，使用较多的主要窑型有隧道窑、辊道窑及梭式窑三大类。过去，我国的墙地砖、卫生陶瓷、日用陶瓷都是用隧道窑烧成的。现在，墙地砖基本上都用辊道窑烧成，卫生陶瓷辊道窑已在石湾几个主要生产厂及国内各瓷区的部分生产厂得到普遍推广，日用陶瓷辊道窑已有上百条在厂家使用。辊道窑具有产量大、质量好、能耗低、自动化程度高、操作方便、劳动强度低、占地面积小等优点，是当今陶瓷窑炉的发展方向。过去，用匣钵隧道窑烧彩釉砖和瓷质砖，年产量只有（2.0～2.5）×10^5 m^2，烧成能耗为（3000～4000）×4.18kJ/kg（产品）。现在，用辊道窑烧成，年产量可达（2.0～2.5）×10^6 m^2，烧成能耗为（550～600）×4.18kJ/kg（产品），最低能耗可达（200～300）×4.18kJ/kg（产品）；卫生陶瓷隧道窑烧成能耗为2400×4.18kJ/kg（产品），辊道窑为1200×4.18kJ/kg（产品）；日用陶瓷隧道窑烧成能耗为12000×4.18kJ/kg（产品），辊道窑为3500×4.18kJ/kg（产品）。

5.3.1.3 改善窑体结构

有资料表明，随着窑内高度的增加，单位制品热耗和窑墙散热量也增加。如当辊道窑窑高由0.2m升高至1.2m时，热耗增加4.43%，窑墙散热升高33.2%，故从节能的角度讲，窑内高度越低越好。

随着窑炉内的宽度增大，单位制品的热耗和窑墙的散热减少。如当辊道窑宽从1.2m增大到2.4m，单位制品热耗减少2.9%，窑墙散热降低25%，故在一定范围内，窑越宽越好。

从节能的角度讲，窑内高度越小越好。如辊道窑高由0.2m升高至1.2m时，热耗增加至4.43%，窑墙散热升高33.2%。在一定范围内，窑越宽越好。当窑内宽和窑内高一定的情况下，随着窑长的增加，单位制品的热耗和窑头烟气带走的热量均有所减少。如当辊道窑的窑长由50m增加到100m时，单位制品热耗降低1%，窑头烟气带走热量减少13.9%。随着窑长的增加，整个窑体的升降温更加平缓，不但适用于烧制大规模，质量稳定，而且成倍提高产量，故窑炉的发展越来越长。由早期的20～30m发展到200～300m。

5.3.1.4 采用高速烧嘴

采用高速烧嘴是提高气体流速、强化气体与制品之间传热的有效措施，它可使燃烧更加稳定，更加安全。燃烧产物以100m/s以上的高速喷入窑内，可使窑内形成强烈的循环气流，强化对流换热，增大对流换热系数，以改善窑内温度在垂直方向和水平方向上的均匀性，有利于实现快速烧成，提高产品的产量和质量，一般可比传统烧嘴节约燃料25%～30%。目前高速烧嘴朝着高效节能低污染方向发展。如高效节能环保型蓄热式烧嘴，此烧嘴优势在于当其中一个烧嘴工作时，另一个为排烟道，并蓄热，以待其工作时，预热空气，其可以节约燃料10%～20%，减少废气的排放温度，达到节能高效低污染效果。

不久前，德国一公司设计的"鳄鱼窑"采用了同流换热烧嘴。这是一种通过热交换器回收热的高速烧嘴，燃烧空气可被加热到窑温的 50％，可节省能耗 20％。通过烧嘴燃烧气体的排气流速约为 100m/s。从而保证了烧成空间的温度均衡，提高了热效率和烧成质量。

对于烧重油的窑炉，则可采用重油乳化燃烧技术，使重油燃烧更加完全，通过乳化器的作用后，把水和重油充分乳化混合，成油包水的微小雾滴，喷入窑内产生"微爆效应"，起到二次雾化的作用，增大了油和水的接触面积，使混合更加均匀，且燃烧需要的空气量减少，基本消除了化学不完全燃烧，有利于提高燃烧温度及火焰辐射强度，掺油率 13％～15％，节油率可达 8％～10％。

例如，釉料熔块炉通过改革喷嘴、材料、结构，增加蓄热室，实现了废烟气的二次利用，大幅度提高了助燃空气的进风温度，使熔块炉的日产量从原来的 5t 提高到 20～30t，油耗从 0.35t（油）/t（熔块）下降到 0.18t（油）/t（熔块），年能够节油 1000 多吨，而且可以用重油代替原来的柴油，大幅度地降低生产成本。

5.3.1.5　加强窑体密封性和窑内压力制度

加强窑体密封和窑体与窑车之间、窑车之间的严密性，降低窑头负压，保证烧成带处于微正压，减少冷空去进入窑内，从而减少排烟量，降低能耗。经过计算，烟道汇总出的空气过剩系数由 5 减到 3 时，当其他条件不变的情况下，烟气带走的热量从 30％降为 18％，节能 12％。

5.3.2　节能烧成技术

5.3.2.1　低温快烧技术

在陶瓷生产中，烧成温度越高，能耗就越高。我国陶瓷烧成温度大致为 1100～1280℃，有的日用陶瓷高达 1400℃以上。据热平衡计算，若烧成温度降低 100℃，则单位产品热耗可降低 10％以上，且烧成时间缩短 10％，产量增加 10％，热耗降低 4％。因此，在陶瓷行业中，应用低温快烧技术，不但可以增加产量，节约能耗，而且还可以降低成本。如在配方中适当增加熔剂成分，选用适用快烧的原料（如硅灰石、透辉石）和节能的辊道窑，实现低温快烧是烧成节能的有效途径。高温烧成能耗最高，如烧成温度从 1260℃降到 1180℃，烧成能耗可降低 15％左右。因而在我国进一步研究采用新原料（如珍珠岩、绢云母、石英片岩等）配置烧结温度低的坯料、玻化温度低的釉料，改进现有生产工艺技术，建造新型的结构性能好的窑炉，以实现低温快烧技术，降低能耗。

5.3.2.2　一次烧成技术

近年来，我国不少陶瓷企业在釉面砖、玉石砖、水晶砖、渗花砖、大颗粒和微粉砖的陶瓷工艺和烧成技术取得重大突破，实现一次烧成新工艺，减少了素烧工序，烧成的综合能耗和电耗显著下降，大大节约了厂房和设备投资，而且大幅度提高了产品质量。

一次烧成比一次半烧成（900℃左右低温素烧，再高温釉烧）和两次烧成更节能、综合效应更佳，同时可以解决砖的后期龟裂，延长砖的使用寿命。如广东某企业自从实现一次烧成后，烧成的综合燃耗和电耗都下降了 30％以上，大大节约了设备和其他设施的投资，也提高了产品的质量。

墙地砖大力推广一次烧成新工艺，综合能耗下降三成。近几年来，我国不少陶瓷企业在釉面砖、玉石砖、水晶砖、渗花砖、大颗粒和微粉砖的陶瓷工艺和烧成技术上取得重大突破，实现了一次烧成新工艺，减少了素烧工序，烧成的综合燃耗和电耗下降 30％以上，节约了大量厂房和设备投资，而且大幅度提高了产品质量。如釉面砖的吸水率由原来的 18％左右下降到 12％左右，坯釉结合良好，解决了釉面砖质量最大问题——后期龟裂，极大地延长了产品的使用寿命。但是我国釉面砖采用一次烧成工艺的很少，如广东省仅有 10％左右。而在西班牙，则有 82％采用一次烧成。所以应大力研究适于一次烧成内墙面砖的坯釉的组成，提高一次烧成的比例，节能降耗大有可为。

5.3.2.3　自动控制技术

采用自动控制技术是目前国外普遍采用的节能有效方法，它主要用于窑炉的自动控制。因而使窑炉的调节控制工具更加精确，对节省能源、稳定工艺操作和提高烧成质量十分有利，同时还为窑炉烧成的最优化提供了可靠的数据。生产实践证明，采用微机控制系统，能够自动调节窑内工况，自动控制燃烧过剩空气系数，使窑内燃烧始终处于最佳状态，减少燃料的不完全燃烧，减少废气带走的热量，降低窑内温差，缩短烧成时间，提高产量、质量，降低能耗。计算表明，在排出烟气中每增加可燃成分 1％，则燃料损失要增加 3％。如果能够采用微机自动控制或仪表-微机控制系统，则可节能 5％～10％。

不足的是，对于窑内各种参数之间的函数关系，目前很少有深入研究。假如能用一个函数公式，利用电子计算机进行全面计算，用数字进行控制，在此基础上选择最佳的烧成方案，这对于提高产品质量、节能降耗将大有好处。

5.3.2.4　微波辅助烧结技术能

微波辅助烧结技术是通过电磁场直接对物体内部加热，而不像传统方法其热能是通过物体表面间接传入物体内部，故热效率很高（一般从微波能转换成热能的效率可达80％～90％），烧结时间短，因此可以大大降低能耗，达到节能效果。例如 Al_2O_3 的烧结，传统方法需加热几个小时而微波法仅需 3～4min。

据报道，英国某公司有一种新型的陶瓷窑炉生产与制造技术，该窑炉最大的特点在于：它不仅采用了当今世界上微波烧结陶瓷的最新技术，而且采用了传统的气体烧成技术。它在传统窑炉中把微波能和气体燃烧辐射热有机结合起来，这样既解决了微波烧成不容易控制的问题，又解决了传统窑炉烧成周期长、能耗大等问题。据介绍，这种窑炉适用于高技术陶瓷及其他各种陶瓷的烧成，可达到快速烧成、减少能耗、降低成本的目的。

5.3.3 洁净液体和气体燃料

目前，陶瓷窑炉中的燃料除了煤气、轻柴油、重柴油外，还有的用原煤。据资料介绍，日用瓷烧煤隧道窑平均耗煤约 3600t，如果改为烧煤气隧道窑可节约燃料 60%。烧重油的隧道窑，每年共计耗油 $5×10^5$ t，折合标准煤 $7.08×10^5$ t，如果改为烧煤气，可节约燃料 30%～40%，每年可节约煤炭（2.13～2.83）$×10^5$ t。

可见采用洁净的液体、气体燃料，不仅是裸烧明焰快速烧成的保证，而且可以提高陶瓷的质量，大大节约能源，更重要的是可以减少对环境的污染。采用洁净气体为燃料，节能降耗明显，见表 5-2。

表 5-2 气体燃料与煤、油能耗对比

名称	燃料	能耗（kJ/kg）	能耗［kg（标煤）/kg］
隧道窑	煤	40516～54442	1.38～1.86
	油	33660～46246	1.15～1.57
	气	29270～39221	1.00～1.34
国外窑炉	气	122937～24879	0.42～0.85

如果陶瓷厂在农村地区，又能符合当地环保部门的要求，那么喷雾塔的燃料用水煤浆代替重油，生产成本将大幅度降低。一台 4000 型喷雾塔，以日产 300t 料计算，每年可节约 230 万元。另外，将水煤气应用于窑炉烧成，比使用烧柴油节约成本 50%以上。

5.3.4 轻质材料的使用

5.3.4.1 窑车窑具材料轻型化

隧道窑及大型梭式窑由于结构特点，需要窑车及窑具，烧卫生洁具或外墙砖的辊道窑也需要垫板或棚架等窑具。窑车和窑具随着制品在窑炉中被加热及冷却，窑车及车衬材料处于稳态导热过程，加热时阻碍和延迟升温，消耗大量的热量；冷却时阻碍延迟降温，释放出大量热能，而且这些热能难以很好地利用。在工厂的生产实际使用中，每部窑车一般装载制品的质量仅占整车质量的 8%～10%，故窑车在窑中吸收大量的热，并随窑车带出窑外，降低了热效率。据测定，产品与窑具的质量比越小，其能耗越低（表5-3）。表 5-3 表明产品与窑具的质量比越小，其热耗越大。窑车应使用低蓄热、相对密度小、强度高、隔热性能好的材料来制备。窑车车衬材质的选取对节能也很重要。

表 5-3 产品、窑具质量比与热耗的关系

产品、窑具质量比	1/1.52	1/1.82	1/7.1
热耗（MJ/kg）	16.7	27.2	36.4

5.3.4.2 轻质耐火保温材料

常见的保温材料有重质耐火砖、轻质保温砖、莫来石轻质砖、高铝轻质砖和轻质陶瓷纤维等。合理选择保温材料对节能降耗有很大影响。如轻质陶瓷纤维与重质耐火砖相

比具有如下优点：质量轻，只有重质砖的 1/6，相对密度为传统耐火砖的 1/25；热导率小，蓄热量仅为砖砌式炉衬的 1/30～1/10，窑外壁温度降至 30～60℃。

由于轻质砖的隔热能力是重质耐火砖的 2 倍，蓄热能力则为重质耐火砖的一半，而硅酸铝耐火纤维材料的隔热能力则是重质耐火砖的 4 倍，蓄热能力仅为其 11.48%，因而使用这些新型材料砌筑窑体和窑车，节能效果非常显著。据文献介绍，某厂用轻质高铝砖及陶瓷纤维砌筑隧道窑，散热降低 69.9%，由占总能耗的 20.6% 下降到 9.02%，节能达到 16.67%。另一隧道窑，同样用轻质耐火材料对窑墙、窑顶进行综合保温，窑墙厚度由原来的 2m 减到 1.53m，窑体的散热由原来占总能耗的 25.27% 降到 7.93%，仅此一项，每年可节约标准煤 400t 以上。

使用质量好的新型耐火材料，使用耐高温、导热率小、规格尺寸准确的高质量耐火材料，对于延长窑炉的使用寿命，减少散热损失至关重要，江苏宜兴摩根热陶瓷有限公司与世界著名的英国摩根热陶瓷耐火材料公司合作生产的堇青石-莫来石耐火砖，质量已达到国际先进水平，对制造高质量的窑炉十分有利。

5.3.4.3　新型涂料

为减少陶瓷纤维粉化脱落，可利用多功能涂层材料来保护陶瓷纤维，既达到提高纤维抗粉化的能力，又增加窑炉内传热效率，节能降耗。如热辐射涂料（Hikami Radiation Coating，HRC），在高温阶段，将其涂在窑壁耐火材料上，材料的辐射率由 0.7 升为 0.96，每平方米每小时可节能 $33087 \times 4.18 kJ$，而在低温阶段涂上 HRC 后，窑壁辐射率从 0.7 升为 0.97，每平方米每小时可节能 $4547 \times 4.18 kJ$。某厂在一条梭式窑中进行喷涂后，氧化焰烧成节能率可达 26.3%，还原焰烧成节能率达 18.22%。这种多功能涂层材料不但可提高红外辐射能力，而且可以吸收废气中的有害成分 NO_x，吸收率可达 60% 以上。例如，在窑炉内衬耐火材料上涂高温节能涂料，可以大大提高窑炉耐火材料的辐射系数，有利于高温辐射传热，江苏某公司生产的远红外线耐火高温涂料，在佛山东鹏、新中源、新明珠公司的窑炉使用后，节能率达 5%～10%。

第6章　其他节能技术与资源再利用可持续发展

6.1　三废处理过程中的节能降耗技术

6.1.1　废气处理时充分利用窑炉余热

衡量一座窑炉是否先进的一个重要标准就是有没有较好的余热利用。据窑炉热平衡测定数据显示，仅烟气带走的热量和抽热风带走的热量就占总能耗的 60%～75%。如果将烧重油隔焰隧道窑预热带、隔焰道的烟气和冷却带抽出的余热送入隧道干燥器干燥半成品，可提高热利用率 20% 左右；若将明焰隧道窑排出 360℃ 左右烟气，先经金属管换热，再把温度降至 180℃ 的废气送地炕换热，使排出的废气温度降至 60℃，将换热的热风送半成品干燥，可节约燃料 15%；若能利用蓄热式燃烧技术将明焰隧道窑的热空气供助燃，不但可以改善燃料燃烧，提高燃烧温度，而且可降低燃耗 6%～8%。

余热利用在国外受到重视，被视为陶瓷工业节能的主要环节并投入很大力量抓这项工作。国外对烟气带走的热量和冷却物料消耗的热量（约占总窑炉耗能的 50%～60%）这一部分可观的余热利用较好，明焰隧道窑冷却带余热利用可达 1047～1256kJ/kg（产品），约占单位品热耗的 20%～25%。目前，国外将余热主要用于干燥和加热燃烧空气。利用冷却带 220～250℃ 的热空气供助燃，可降低热耗 2%～8%，这不但能改善燃料的燃烧，提高燃料的利用系数，降低燃料的消耗，还提高了燃烧的温度，并为使用低质燃料创造条件。余热利用较先进的国家是英国、日本和德国等。例如，在英国已有80% 以上的陶瓷企业安装了高效余热回收设备。

充分利用窑炉废烟气和冷却带的余热，烧成综合能耗下降三成。某陶瓷厂设计投产的 180 万平方米陶瓷锦砖隧道窑，把废烟气、窑车底和冷却带的余热全部抽去利用，彻底解决了原料的干燥、半成品铺贴后干燥、成品干燥、全厂职工洗热水澡的问题，全年可节约重油 2000t，价值 300 多万元。

6.1.2　陶瓷固体废弃物的综合利用

（1）用于生产陶瓷砖

用于陶瓷砖坯料。建筑陶瓷企业生产过程中会产生各类工业废料，当前有关其产生工业废料的回收利用研究已取得突破性的进展。例如废弃的泥水回收，拣去杂物和除去铁外，又可以添加入陶砖的坯料中用于生产陶砖。对于废品、废窑具之类经过烧成的废料，可采用重新粉碎加工方法，将其磨碎，然后按一定的比例添加到套装配料中用作陶砖坯料，由此磨制的粒料加入到配料中烧制陶砖，还能明显改善其防滑效果。

用于生产仿古砖。广东某陶瓷有限公司废坯、废泥的来源稳定，通过多次抽样检测及分析，废坯化学组成和陶质砖料相近。为了不污染周边环境，经过多次试制和研发，成功地将废坯、废泥通过干燥、破碎过筛加工后用作仿古砖的坯料，无原材料费用，还可以开发用于生产风格不同的艺术砖，及环保又降低陶瓷产品成本。不愧是一条变废为宝、减低成本的好方法。

用于生产免烧砖。佛山研究所自 1999 年开始以陶瓷废料再生利用为突破口，从国外引进相关技术，以陶瓷废料为主要原料，添加高强胶粘剂研制出一种环保型免烧砖。该原料构成中 70% 左右是陶瓷废料，这一成果转化投产既可以节约土地资源和矿产资源，具有显著的环保效益。与烧结砖相比，因其利用的是陶瓷废料，又不需要烧结，因此生产成本大大降低。如佛山市禅城区小西湾固体废物处理中心以陶瓷废料为主要原料，用压砖机直接压制成墙体砖，已形成产业化生产。

（2）用于生产多孔砖

用于生产多孔陶瓷。研究者经过多年的努力，研制出一种利用陶瓷厂废料生产多孔陶瓷的方法，该方法将陶瓷厂的固体废物按形态分为废料、废泥、废瓷、废渣和粉尘等。利用该方法所制备的多孔陶瓷相对密度低、强度高、成本非常低，具有良好的社会经济效益。

用于生产多孔陶瓷透水砖。将废陶瓷粉碎至粒径 20mm 以下，并用作坯体骨料，再加入适量的膨润土作粘结料，在球磨机中混合均匀，入模压制成坯，送入窑中烧结，取出脱模，从而制成一种多孔砖。由于制备过程中不使用其他助剂，原料费用低，而且具有良好的透水性。

用于生产轻质超大规格陶瓷板材。利用陶瓷抛光砖废渣及其他工艺过程中所产生的废料为主要原料，通过合理的工艺配方设计，利用陶瓷废渣、污泥处理过程中的微细有机磨料及少量的无机催化剂作为发泡剂，烧成过程中发泡成孔，制备出一种新型的环境友好型建筑材料。功能性轻质陶瓷板材制备工艺及制品不会对环境造成二次污染，采用中温烧成降低了能耗，产品质量轻，强度高，便于运输，易于施工。材料具有极低的热导率、超强隔热的功能，因而具有良好的建筑节能特性。同时由于其烧成中形成陶瓷晶相，该晶相具有良好的阻燃性能，具有耐酸碱、耐老化等功能。其还具有工业废料回收利用、轻体建筑节能材料及装饰设计产品的多重优点，在有效的保护环境同时又具有良好的产品性能，是极好的绿色墙体装饰材料和艺术装饰材料。

（3）用于生产陶粒

近年来国内外开始了利用工业废料生产陶粒的研究，由于陶瓷相对密度小、内部多孔，形态、成分较均一，具有一定的强度和坚固性，因而具有轻质、耐腐蚀、抗冻、抗震和良好的隔绝性，保温、隔热、隔声和隔潮的功能特点，可以广泛用于建筑、化工、石油等部门。

（4）用于制备水泥

将陶瓷废料作为廉价原料用于水泥生产，实现陶瓷、水泥两大工业的有机结合，无疑会产生很大的社会效益。既能大量处理陶瓷废料，又可以为水泥工业生产提供一种新的原料。

（5）用于开发固体混凝土材料

由于陶瓷废料在破碎过程中产生大量的粉末，为了减少污染，这些粉末可直接充当固体废弃物混凝土材料的添加物。经过检测破碎后的废砖，其松散堆积密度基本符合建筑用集料的标准。

（6）其他用途

用于制备阻尼减振材料、卫生陶瓷以及回收废料中的重金属等。

6.1.3 废坯、废泥作主要原料生产仿古砖的可行性分析

（1）仿古砖的特点及标准：颜色古朴，多为石面状、毛边，对吸水率（小于1％）和尺寸的稳定性（最小规格砖 227mm × 60mm × 13mm，允许长边尺寸差值为 ±2.5mm）要求不高。

（2）某陶瓷公司废坯、废泥的来源稳定，通过多次抽样检测及分析，废坯及废泥化学组成和瓷质砖料相近，但因其带有颜色，所以不能直接用于瓷质砖的正常生产。而废泥的化学组成与瓷质料相比有差异，主要表现为：氧化硅和氧化铝的含量比瓷质砖料含量偏低（表6-1），且含有少量低温瓷砂，故废泥亦不能直接用于瓷质砖的生产。另外，废泥里含有絮凝剂-聚丙烯酰胺，加水球磨后，泥浆呈胶体状，无法喷料。

表 6-1　废坯、废泥与瓷质砖料的化学组成比较表　　　　　　　　　％

组成	Al_2O_3	SiO_2	Fe_2O_3	CaO	MgO	K_2O	Na_2O	TiO_2	灼减
瓷质砖料	21.42	66.97	0.36	0.58	0.15	1.46	4.61	0.26	4.12
废坯	20.85	66.92	0.60	0.93	0.55	1.30	3.91	0.43	4.51
废泥	20.01	65.83	0.65	0.9	0.51	1.47	4.66	0.53	5.44

（3）废泥烧后性能的确定：将废坯和废泥分别烘干至含水率在7％～10％之间，手工造粒，用实验小压机成形，在大生产窑炉中烧成。试烧结果与瓷质砖料比较见表6-2。

表 6-2　试烧结果

试样名称	生坯强度（MPa）	吸水率（％）	收缩率（％）	烧成呈色
瓷质砖料	0.50	0.3	9.2	白色
废坯	0.45	0.2	9.2	某产品色
废泥	0.35	0.2	9.8	灰暗

（4）根据废坯、废泥的化学组成及试烧结果，结合仿古砖的性能要求，确定废坯和废泥均可用作仿古砖坯料的配方。

6.2　其他节能技术

6.2.1　热电联产技术

热电联产技术是指对发电过程中产生的电能和热能同时加以利用，从而提高燃料燃烧所得能量的总体利用效率，降低能源成本（图 6-1）。

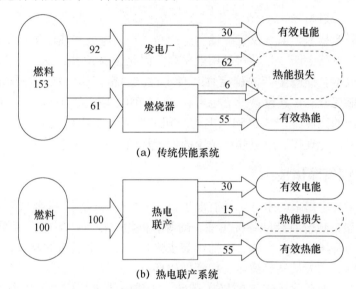

图 6-1　传统供能系统和热电联产系统的能量利用效率
(注：图中比例数值为当前工艺水平下的典型数据)

在发电厂，燃料燃烧产生的能量通常只有约 33％ 转化成了电能，而剩余的 67％ 转化成了热能，然而，这部分热能在发电厂往往无法有效使用而被排放。因此，发电厂的能量利用效率很低，其电能的生产成本很高。而对于同时消耗电能和热能的工业生产（如湿法制粉过程），企业通常从发电厂外购电能，同时自己采用燃烧器生产热能（最高能源利用效率约为 90％），所用电能和热能的总体能量利用效率为 33％～90％，且随电能消耗比重的增加而减少。因此，若企业自己发电供自己使用，并将发电产生的热能加以利用，则总体能量利用效率可大大提高（通常为 85％～90％），从而可有效降低能源成本，减少生产成本。

适用于建陶行业的热电联产系统，如图 6-2 所示。其工作原理为利用压缩机将过滤后的新鲜空气加压送入燃烧器，与燃料混合燃烧，产生高温高压气流，用于驱动涡轮机高速旋转，产生机械能。该机械能少部分用于驱动压缩机工作，其他则用于驱动发电机运转，产生电能。从涡轮机排出的大量尾气（约 500℃）作为高温热源，可全部用于喷雾干燥生产。从发电机产生的电能则可用于企业内部生产，若仍有盈余，可出售给电力公司。

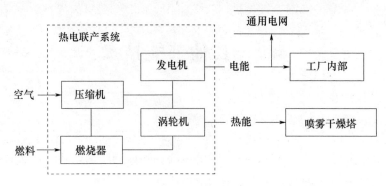

图 6-2　适用于建陶行业的热电联产系统

采用热电联产技术，虽然没有降低湿法制粉过程的电能和热能消耗量，但由于电能和热能均由企业自己生产，且燃料利用效率高，因此能源成本低廉、供给稳定，非常有利于节约生产成本，提高生产的稳定性和自主性。通常，热电联产系统的应用可节约20%～30%的能耗开支，其设备投资也可在 2～3 年内收回。当然，实际生产中，应综合对比热电联产的能源生产成本和从电力公司的购入及卖出电能价格，结合生产的热能、电能需求量，合理控制热电联产系统的生产规模。

6.2.2　高温煤气净化技术

从煤气发生炉中出来的水煤气具有温度高（400～450℃）、粉尘颗粒浓度大（15g/m³）且夹带大量的成分复杂的各种焦油、酚等有机物的特点，不能直接用于陶瓷烧成。传统净化方法为旋风除尘、水洗、电捕焦等步骤，由此产生了焦油及含有剧毒的酚水污染，且高温煤制气的大量显热被热交换到周边环境，不仅仅是能源的浪费，同时周边也受到热污染，极大地恶化了工人的操作环境。在我国能源结构仍是以煤炭为主的国情下，只能少部分采用天然气等能源替代煤制气作为陶瓷烧成的燃料，目前正在研发一种新的煤制气高温净化技术。

高温煤制气净化的核心部件是耐高温、耐腐蚀、高强度的陶瓷过滤体，最高使用温度可以高于 1000℃。具有除尘效率高、压力损失小、粉尘容量大、工作温度高、抗热冲击性强、耐酸碱性强等优点，因而是高温含尘煤制气净化的理想过滤体。

高温净化装置用于过滤净化高温含尘的煤制气时，接在旋风除尘器后端（对于含硫高的煤气，除尘器前端还需要采用煤固硫、干法脱硫等技术），此时温度仍然在 350℃以上，在此高温下焦油及酚等有机物还处于气态，此时将煤制气净化不会产生含剧毒的酚水、焦油等污染，并且通过加强管道保温、加热技术及高温煤制气燃烧技术等系列工程技术的开发应用，使焦油及酚等有机物以气态的形式进入窑炉内燃烧，产物为二氧化碳、水等无毒物质，不仅达到了污染物零排放，而且使焦油等有机物的高热值和煤制气的高温显热也得到了充分的利用，预计可以节约用煤至少 15% 以上，具有巨大的社会效益及显著的经济效益。

6.2.3　单螺杆式空压机、变频器等节能设备的应用

目前，我国有近 3 万条陶瓷窑炉生产线及配套的喷雾塔设备。按每条生产线配套一

台 45kW 或是 75kW 的活塞式压缩机，每天工作 16h（按每年运行 300d）来计算，每年消耗的电力达 $6.48×10^8$ kW·h（45kW 空压机）或 $1.08×10^9$ kW·h。按每条生产线的喷雾塔设备配套一台罗茨风机，每天运行 16h（按每年运行 300d）来计算，每年消耗的电力达 $1.08×10^9$ kW·h。

然而，使用单螺杆式空压机以后，一台 55kW 的单螺杆式空压机就可以满足一条陶瓷生产线的空气需求，淘汰 75kW 的活塞式空压机，一年就可以节约电力 96000kW·h。如果喷雾塔设备的罗茨风机也用单螺杆式空压机来代替，每小时可节电 20kW·h。

从节能的角度而言，变频器在陶机中的典型运用如下。

（1）变频器用于窑炉和干燥的风机系统

传统的窑炉和干燥的风量是通过风门开度进行调节的，使用变频器后，可以将风门全部打开，通过调节频率来调节电机转速，从而调节风量。早在 2002 年，佛山创名扬机电贸易公司与希望森兰变频器公司合作，投资 120 多万元对佛山高明顺成陶瓷有限公司全部 12 条辊道干燥和窑炉的风机系统进行变频节能改造，一个月就节约电费 30 多万元，四个月就收回全部投资，取得巨大的节能效果。受此案例的启发，创明扬先后对 60 多家陶瓷厂进行全面变频节能改造，都取得了较好的节能效果，总体节电率在 30% 以上。

（2）变频器用于负压风机

喷雾干燥的负压风机的功率大多在 90kW 以上，由于产量变化，要求的风量不同，用风门调节时，由于工作环境差，风门笨重，工人很难做到及时调整。使用变频器后，可将风门全部打开，通过调节频率，可以方便快速地调整负压。陶瓷企业进行变频节能改造后均可取得 20% 以上的节能效果。如 10kW 以上的风机，安装变频器可使辊道窑的传动系统、油泵节电 10%～30%。

（3）变频器用于空压机

陶瓷厂一般都配有空压机组，由于供气量的变化，可以用变频器组成恒压供气系统，既可稳定气压，又可以节能。陶瓷企业进行空压机变频节能改造后的总体节能效果在 20% 以上。

（4）变频器用于球磨机

球磨机占陶瓷厂总用电量的 30% 以上，球磨机能否节电，受到广大陶瓷厂的极大关注。由于原料的变化、装料/水的变化等对球磨机用电量都有较大影响。长期以来，球磨机的实际节电率一直没有定论。创名扬曾与希望森兰合作，对某公司 2 号线 10 台 90kW 的球磨机进行整线变频节能改造，跟踪发现，其实际节电率在 8%～12% 之间。

（5）变频器用于搅拌机

陶瓷厂大量使用搅拌浆料使之不沉淀，可以使用变频器对之降速搅拌，在浆料不沉淀的前提下，也有很好的节能效果。通过对二十几家陶瓷企业的搅拌机进行变频节能改造，数据表明，变频器用于搅拌机有 30% 以上的节能效果。如浆池间歇式搅拌，在浆池搅拌机的电机上安装时间继电器，搅拌 20～30min，停 30～40min，浆料并不会沉淀，这样可节电 50% 以上。

6.3　建陶工业的新能源开发与可持续发展

　　从地球蕴藏的能源数量来看，自然界存在无限的能源资源。就太阳能而言，太阳每秒钟通过光辐射到地球的能量相当于 500 多吨煤燃烧放出的能量，一年就相当于 130 万亿吨煤燃烧的热量，大约为目前全世界一年耗能的一万多倍。由于人类开发与利用地球能源尚受到社会生产力、科学技术、地理环境及世界经济、政治等多方面因素影响与制约，使得包括太阳能、风能、水能在内的巨大数量的能源利用率微乎其微。

　　目前全世界消耗的能源主要是煤、石油、天然气等常规能源，占能源消耗总量的 97% 以上，其中以石油、天然气消耗居多。据估计，全世界已探明的各种石油、天然气资源储量仅够人类使用数百年而已。

　　如今世界对能源需求越来越大，而石油、天然气等优质能源越来越少；对新型能源的开发利用尚处于研发阶段，未有重大突破；而近期内能源消费主要是依靠石油、天然气和煤的状况不会发生根本性改变，可以说世界能源供应仍处于"青黄不接"的低谷阶段。因此，必须从能源总的形式及走向方面考虑建筑陶瓷工业的可持续发展，一方面是采用先进的科学技术不断拓宽节能措施，减少能量的消耗，推迟能源的枯竭；另一方面则要积极开发与利用新型能源，保证陶瓷工业不断增长的能源需求。在继续使用石油、天然气及煤炭的同时，原子能发电工业发展迅速。作为一种清洁的能源，核电显示出广阔的开发利用前景，如法国的核电已占总发电量的 1/3 以上，几年后可达到一半以上。因此，核电很可能成为地球上继石油、天然气及煤之后的主要能源。

　　就陶瓷干燥与烧成所需能源来看，数十年或数百年之后，电能很可能会取代现行的油或气燃料。以电为能量的微波烧成技术的研究正在推广，因为微波烧成使用一种新颖的烧成方法及烧成机理，可大大缩短烧成时间与改善烧成质量。目前国际上微波烧成技术已应用在生产精细陶瓷、小件电瓷及工业瓷阶段。随着大件产品（如瓷砖、卫生洁具等）微波烧成技术的突破，将使传统的陶瓷烧制技术发生革命性的变化。除了核电技术外，太阳能转换技术也已取得重大的进展。随着新型太阳能、光（热）电新技术的开发，在宇宙中筹建空间站然后把太阳能输送到地球的研究工作在积极进行中。因此，太阳能转换为电能将可应用于陶瓷烧成中。此外，潮汐能、风能、水能等的开发利用也在积极进行中。这样，未来陶瓷烧成的能源来源将呈现多元化与广普化的局面，积极开发与利用新能源，将使陶瓷工业保持稳定与可持续发展，免除后顾之忧。

　　总之，随着世界性能源形势的日趋紧张，我国陶瓷行业应该未雨绸缪，加大节能科研项目的开发研究，以保证陶瓷工业持续、健康的发展。

主要参考文献

[1] 周俊，舒杼，王焰新．建筑陶瓷清洁生产［M］．北京：科学出版社．2011.

[2] 方海鑫，曾令可，王慧，等．减少陶瓷窑炉烟气中有害废气的方法［J］．工业加热，2004，33（3）：1-4.

[3] 何锦英，何如初．建筑陶瓷行业执行《陶瓷工业污染物排放标准》的探讨［J］．陶瓷，2008，（7）：52-55.

[4] 李来胜，江峰，张秋云．陶瓷工业节能减排技术［M］．北京：化学工业出版社，2008.

[5] 黄浪欢，曾令可，罗民华．TiO_2 光催化脱除 NO_x 的研究进展［J］．环境污染治理技术与设备，2001，04：62-66.

[6] 刘平安，王慧，程安泽，等．陶瓷烧成中 NO_x 生成及控制对策［J］．环境污染治理技术与设备，2005，6（8）：23-25.

[7] 刘平安，曾令可，程小苏，等．陶瓷烧成中气氛及温度对 NO_x 生成影响［J］．环境污染与防治，2006，28（6）：408-410.

[8] 罗民华，周健儿，王婷．锂辉石对堇青石多孔陶瓷性能的影响［J］．中国陶瓷，2012，（01）：18-19.

[9] 缪松兰，马光华，李清涛，等．建筑陶瓷抛光废渣制备轻质陶瓷材料的研究［J］．陶瓷学报，2005，26（2）：71-79.

[10] 罗民华，曾令可，石小涛，等．纤维多孔陶瓷孔结构参数的测定［J］．陶瓷学报，2010，（02）：257-261.

[11] 石棋，李月明．建筑陶瓷工艺学［M］．武汉：武汉理工大学出版社，2007.

[12] 谭建文，唐灿坚，吴建勋．陶瓷厂喷雾干燥塔废气治理技术研究［J］．环境与可持续发展，2006，（2）：27-29.

[13] 谭绍祥，谭汉杰．陶瓷工业节能和清洁生产的研究应用［J］．广东建材，2007，（12）：23-29.

[14] 曾令可．陶瓷废料回收利用技术［M］．北京：化学工业出版社．2007.

[15] 曾令可，罗民华，黄浪欢．微波干燥陶瓷产品产生变形开裂原因和解决方法及其与传统干燥的比较［J］．陶瓷学报，2001，04：254-258.

[16] 曾令可，邓伟强，刘艳春，等．陶瓷工业能耗的现状及节能技术措施［J］．陶瓷学报，2006，27（1）：109-115.

[17] 罗民华，梁华银，朱庆霞，等．纳米孔超绝热材料的制备及改性［J］．陶瓷学报，2010，（01）：145-150.

[18] 罗民华，梁华银，宋树刚．泡沫陶瓷研制过程中影响因素的试验研究［J］．陶瓷学报，2009，（02）：209-212.

［19］郑树龙，唐奇，卢斌．建筑陶瓷绿色化研发与展望［J］．佛山陶瓷，2008，（3）：10-11.

［20］罗民华，曾令可．莫来石纤维多孔陶瓷粘结用的莫来石纳米晶的研制［J］．中国陶瓷，2008，（02）：54-56.

［21］Amoros J L，Cantanvella V，Jarque J C，et al. Fracture properties of spray-dried powder compacts：effect of granule size［J］．Journal of the European Ceramic Society，2008，28（15）：2823-2834.

［22］Amoros J L，Orts M J，Garcia-Ten J，et al. Effect of the green porous texture on porcelain tile properties［J］．Journal of the European Ceramic Society，2007，27（5）：2295-2301.

［23］Institute for Prospective Technological Studies（IPTS）．Reference Document on Best Available Techniques in the Ceramic Manufacturing Industry［R］．European commission，2010.

［24］Marti J R，Sanchez A. Dry grinding process for the preparation of floor and wall tile bodies［J］．International Ceramic Review，2009，58（4）：213-215.

［25］Monfort E，Garcia-Ten J，Celades I，et al. Evolution of fluorine emissions during the fast firing of ceramic tile［J］．Applied Clay Science，2008，38（3-4）：250-258.

［26］Monfort E，Garcia-Ten J，Celades I，et al. Monitoring and possible reduction of HF in stack flue gases from ceramic tiles［J］．Journal of Fluorine Chemistry，2010，131（1）：6-12.

［27］Shu Zhu，Zhou Jun，Wang Yanxin. A novel approach of preparing press-powders for cleaner production of ceramic tiles［J］．Journal of Cleaner Production，2010，18（10-11）：1045-1051.

［28］李湘洲．谈谈陶瓷工业的清洁生产（上）［J］．陶瓷，2005，（1）：45-47.

［29］李湘洲．谈谈陶瓷工业的清洁生产（下）［J］．陶瓷，2005，（3）：48-49.

［30］张娜．深化建筑卫生陶瓷生产环节的节能与减排［J］．陶瓷，2007，7：10-12.

［31］王继杰，李旭．中国陶瓷产业与环境保护的协调性发展［J］．中国陶瓷，2006，42（10）：3-6.

［32］杨洪儒，苏桂军，曾明锋．我国建筑卫生陶瓷工业能耗现状及节能潜力研究［J］．陶瓷，2005，（11）：9-11.

［33］罗民华，曾令可，王慧，等．宽断面辊道干燥窑动态温度场的测量与分析［J］．陶瓷学报，2004，（02）：108-111.

［34］王珍，刘纯．循环经济在建筑卫生陶瓷行业的应用［J］．中国陶瓷，2005，41（6）：1-3.

［35］罗民华，曾令可．多孔陶瓷的表征与性能测试技术（下）［J］．佛山陶瓷，2004，（02）：3-6.

［36］罗民华，曾令可，曾钧，等．应用组态王设计陶瓷梭式窑计算机控制系统［J］．工业炉，2003，（03）：33-38.

[37] 中国陶瓷工业协会. 2005 年国际陶瓷工业发展论文集［C］. 北京：中国建筑工业出版社，2005.

[38] 谭绍祥，谭汉杰. 绿色陶瓷——佛山陶瓷工业的发展方向［J］. 陶瓷，2006，(3)：8-10

[39] 曾令可，邓伟强. 广东省陶瓷行业的能耗现状及节能措施［J］. 佛山陶瓷，2006，(2)：1-4.

[40] 同继锋. 绿色建材与我国建筑卫生陶瓷"十一五"发展目标［J］. 陶瓷，2005，(11)：7-8.

[41] 薛福连. 陶瓷工业废水治理与综合利用［J］. 陶瓷，2005，(6)：29-30.

[42] 刘兴国，高淑雅. 陶瓷厂喷雾干燥设备节能方法概述［J］. 西北轻工业学院学报，2008，18 (1)：105-109.

[43] 罗民华，曾令可. 多孔陶瓷的表征与性能测试技术（上）［J］. 佛山陶瓷，2004，(01)：5-9.

[44] 罗民华，曾令可，王慧，等. 梭式窑的码坯方法和烟道设计对温度场及流场影响的探讨［J］. 中国陶瓷工业，2002，(03)：27-30.

[45] 罗民华，曾令可，黄浪欢. 微波加热技术应用于陶瓷行业需要解决的几个问题［J］. 陶瓷学报，2001，(04)：268-275.

[46] 陈俊峰，黄振仁，廖传华. 烟气脱硫在我国的发展现状及研究进展［J］. 电站系统工程，2008，24 (4)：4-6.

[47] 罗民华，曾令可，童晓濂. 陶瓷窑炉控制技术的现状与展望［J］. 河南建材，2001，(02)：6-7.

[48] 曾令可，王慧，罗民华，等. 陶瓷窑炉的结构与节能［J］. 山东陶瓷，2002，01：8-10.

[49] 贾燕，尹华，常瑞，等. 建筑陶瓷工业的清洁生产［J］. 陶瓷，2006，(7)：49-51.

[50] 曾令可，罗民华，张守梅. 绿色建材陶粒［J］. 佛山陶瓷，2001，(07)：8-10.

[51] 罗民华，黄亮，胡杏乐. 一种调节气氛烧成的装置及方法：中国，ZL 201410527439.X［P］. 2014.

[52] 罗民华，黄亮，胡杏乐. 一种调节气氛烧成的装置：中国，ZL 20140580632.5［P］. 2014.

[53] 罗民华，邬鹏省. 一种陶瓷窑炉富氧烧成的方法：中国，ZL 200710052173.8［P］. 2007.

[54] 方海鑫，曾令可，王慧，等. 高温陶瓷窑炉内影响 NO_x 生成若干因素分析［J］. 工业炉，2003，02：54-57.

[55] 方海鑫，曾令可，王慧，等. 陶瓷烧成中 SO_x 的排放及降低 SO_x 的方法［J］. 中国陶瓷，2003，04：40-42.

[56] 冯青，汪和平，张纯，等. 节能管屏管道式辊道窑：中国，CN 200720007850.X［P］. 2007.

附　　录

附录1　陶瓷企业节能减排技术或措施路线图

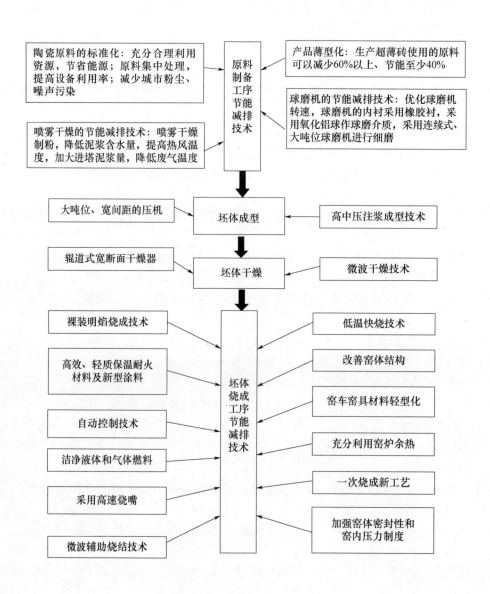

附录2　陶瓷企业节能减排技术或措施的效果

编号	技术或措施	节能减排效果	备注
1	采用连续式、大吨位球磨机进行细磨	电耗为原来的20%	产量可提高10倍以上
2	采用氧化铝球作球磨介质	可节电35%左右	缩短球磨时间
3	料浆池采用间歇式搅拌	每天可节电135kW·h	—
4	开发低温快烧原料	—	实现低温烧成的关键
5	选用大吨位、宽间距的压机	电耗可减少30%以上	—
6	高中压注浆成型技术	可节省模具干燥和加热工作环境所需的热能	提高成型次数，延长模具寿命
7	空气快速干燥器	平均节能50%	干燥周期可缩短46%~83%
8	辊道式宽断面干燥器	热效率、干燥成品率大大提高	不用辅助热风炉，用窑炉余热
9	微波干燥技术	在相同的功率下，传统干燥时间是微波干燥的30~32倍，能耗为2.5倍，而生产能力则约为一半	微波能源利用率高，运行成本比传统干燥低
10	低温快烧技术	单位产品热耗可降低10%以上	烧成温度降低100℃，产量增加10%，且烧成时间缩短10%
11	裸装明焰烧成技术	以隧道窑为例，根据热平衡测定，明焰裸装单位产品热耗为4000~15500kJ/kg产品；隔焰裸装单位产品热耗为19800~76700kJ/kg产品；明焰钵装窑单位产品热耗为50000~103600kJ/kg产品	明焰裸烧不用匣钵和隔焰板，最大限度地简化了传热和传质过程，增大了窑炉的装坯容积，提高了生产能力
12	辊道窑	彩釉砖和瓷质砖辊道窑的烧成能耗为隧道窑的1/13.75~1/5；卫生陶瓷辊道窑的烧成能耗为隧道窑的1/2；日用陶瓷辊道窑的烧成能耗为隧道窑的1/3.43	是当今陶瓷窑炉的发展方向
13	采用洁净液体和气体燃料	大大节约能源并减少对环境的污染	是裸烧明焰快速烧成的保证，且可以提高陶瓷的质量
14	采用高速烧嘴	节约燃料25%~30%	燃烧产物入窑速度达100m/s以上
15	一次烧成新工艺	烧成的综合能耗和电耗下降30%以下	减少了素烧工序，大大节约了投资，且大幅度提高了产品质量

续表

编号	技术或措施	节能减排效果	备注
16	微波辅助烧结技术	热效率很高，烧结时间短，可以大大降低能耗	须与传统的烧成技术结合
17	产品薄型化	生产超薄砖使用的原料可以减少60%以上，节能至少40%	优质的陶瓷原材料面临枯竭，陶瓷砖的薄型化和减量化势在必行